高等职业教育系列教材

U0369675

COMPUTER TECHNOLOGY

Photoshop图像处理案例教程

主编｜刘万辉　方　莹

参编｜王　超　司艳丽

机械工业出版社

CHINA MACHINE PRESS

本书共 11 个模块，包括 10 个基础模块（职场入门、基本工具的使用、选区调整与编辑、图层应用、图像调色、路径应用、蒙版应用、通道应用、滤镜应用、动画制作与动作应用）以及 1 个综合模块。前 10 个模块的编写包含案例描述展示、知识准备、案例实施、应用技巧、项目实践等 5 个环节。综合模块通过 2 个综合案例将基础模块内容融会贯通。

本书配套 117 个微课视频、电子课件、案例素材等资源，可作为高职高专相关专业的"Photoshop 图像处理"课程的教材，也可作为平面设计爱好者的参考书。

本书配有微课视频，扫描二维码即可观看。另外，本书配有电子课件，需要的教师可登录机械工业出版社教育服务网（www.cmpedu.com）免费注册，审核通过后下载，或联系编辑索取（微信：13261377872，电话：010-88379739）。

图书在版编目（CIP）数据

Photoshop 图像处理案例教程 / 刘万辉，方莹主编 . —北京：机械工业出版社，2023.1

高等职业教育系列教材

ISBN 978-7-111-72027-0

Ⅰ. ①P… Ⅱ. ①刘… ②方… Ⅲ. ①图像处理软件-高等职业教育-教材 Ⅳ. ①TP391.413

中国版本图书馆 CIP 数据核字（2022）第 213335 号

机械工业出版社（北京市百万庄大街 22 号　邮政编码 100037）

策划编辑：王海霞　　　　　责任编辑：王海霞　侯　颖
责任校对：樊钟英　李　杉　责任印制：李　昂

河北鹏盛贤印刷有限公司印刷

2023 年 2 月第 1 版 • 第 1 次印刷

184mm×260mm • 16.75 印张 • 436 千字

标准书号：ISBN 978-7-111-72027-0

定价：65.00 元

电话服务　　　　　　　　　　网络服务

客服电话：010-88361066　　机　工　官　网：www.cmpbook.com
　　　　　010-88379833　　机　工　官　博：weibo.com/cmp1952
　　　　　010-68326294　　金　书　网：www.golden-book.com
封底无防伪标均为盗版　　机工教育服务网：www.cmpedu.com

Preface
前　言

　　Photoshop CC（Creative Cloud）是优秀的平面设计软件之一，因其界面友好、操作简单、功能强大，深受广大设计师的青睐。它被广泛应用于插画、游戏、影视、广告、海报、网页设计、多媒体设计、软件界面、照片处理等领域。

　　本书采用模块化的编写思路，先从基础知识讲起，然后融合为模块案例，最终通过综合的案例实战融会贯通，全面提高学生的综合能力。

　　本书共 11 个模块，包括职场入门、基本工具的使用、选区调整与编辑、图层应用、图像调色、路径应用、蒙版应用、通道应用、滤镜应用、动画制作与动作应用 10 个基础模块；同时，还设计了一个包含 2 个综合案例的综合实践案例模块，将基础模块的内容融会贯通。本书以企业案例应用项目贯穿各个知识模块，同时又把实现民族复兴、家国情怀与责任担当、做人做事的基本道理和社会主义核心价值观融入系列案例，进一步突显教材的"育德"功能，提升素养。

　　每个案例的编写包含案例描述展示、知识准备、案例实施、应用技巧、项目实践等 5 个环节。

- 描述展示：展示任务实施效果，激发学生学习兴趣。
- 知识准备：详细讲解知识点，展示相关技术的使用方法与技巧，通过系列案例实践，边学边做。
- 案例实施：通过案例综合应用所学知识，提高综合运用知识的能力。
- 应用技巧：补充讲解一些扩展知识、提高知识与技巧交流。
- 项目实践：充分挖掘学习规律，通过"学、仿、做"达到理论与实践统一、知识内化与应用的教学目的。

本书的主要特点：

　　1. 内容设计合理，符合学习者的认知规律，由简单到复杂，循序渐进，逐步深入，便于初学者入门。

　　2. 案例的选取基于真实应用，素材的选取既注重实用性，又注重艺术性，在学习技术的同时，提高艺术修养。

3. 教材资源丰富，配套了全套 PPT 教学课件、案例素材与源文件，以及 117 个微课视频。

本书由刘万辉、方莹主编，王超、司艳丽参编。刘万辉编写了模块 1、2、3，方莹编写了模块 4、5、6，王超编写了模块 7、8、9，司艳丽编写了模块 10、11。

由于时间仓促，书中难免存在不妥之处，请读者原谅，并提出宝贵意见。

编　者

目 录 Contents

模块 4　图层应用 ················ **79**

模块 5　图像调色 ················ **114**

模块 6　路径应用 ················ **141**

模块 7 蒙版应用 ·················· 165

模块 8 通道应用 ·················· 186

模块 9 滤镜应用 ·················· 208

模块 10 / 动画制作与动作应用 ·····················229

模块 11 / 综合项目实训 ·····························239

参考文献 ·····························260

模块 1　职场入门

1.1　案例 1：传统旗袍网页广告展示

本案例为一家旗袍服饰旗舰店的 banner 设计，整体风格简洁明快，主题鲜明，折扣和主打文案紧密相连，突出显示价格便宜，吸引客户的眼球。在设计过程中先设定背景图案，再绘制文案区域的底图，然后分别设计旗袍模特展示，最后通过文字和图形工具设计中间的文案区域，完成设计。整体设计效果如图 1-1 所示。

图 1-1　传统旗袍网页广告展示

1.1.1　认识像素和分辨率

1. 像素

像素是构成图像的最小单位，它的形态是一个小方点。很多个像素组合在一起就构成了一幅图像，组成图像的每一个像素只显示一种颜色。由于图像能记录下每一个像素的数据信息，因而可以精确地记录色调丰富的图像，逼真地表现自然界的景观，如图 1-2 所示。

图 1-2　由像素构成的"黄山迎客松"风景图像

2．分辨率

分辨率是图像处理中一个非常重要的概念，它是指每英寸位图图像所包含的像素数量，单位使用每英寸的像素数 PPI（Pixels Per Inch）来表示（主要在显示领域）。分辨率决定了位图图像细节的精细程度，图像分辨率的高低直接影响图像的质量。分辨率越高，文件就越大，图像也会越清晰，如图 1-3a（300PPI）所示，处理速度也会变慢；反之，分辨率越低，图像就越模糊，如图 1-3b（72PPI）所示，文件也会越小。

a)   b)

图 1-3　分辨率高低的区别

a) 分辨率高的图像　b) 分辨率低的图像

图像的分辨率并不是越高越好，应视其用途而定。屏幕显示的分辨率一般为 72PPI，而在打印领域使用的分辨率单位为 DPI（Dots Per Inch），表示每英寸长度上的点数。打印的分辨率一般为 150DPI，印刷的分辨率一般为 300DPI。

1.1.2　认识位图与矢量图

在计算机设计领域中，图形图像分为两种类型，即位图图像和矢量图形。这两种类型的图形图像都有各自的特点。

1．位图

位图又称为点阵图，是由许多点组成的，这些点就是像素（pixel，px）。当许多不同颜色的点（即像素）组合在一起后，便构成了一幅完整的图像。

位图可以记录每一个点的数据信息，因而可以精确地制作出色彩和色调变化丰富的图像，可以逼真地表现自然界的景象，达到照片般的品质。但是，由于它所包含的图像像素数目是一定的，若将图像放大到一定程度后，图像就会失真，边缘会出现锯齿，如图 1-4 所示。

图 1-4　位图的原效果与放大后的效果

2．矢量图

矢量图也称为向量式图形，它用数学的矢量方式来记录图像内容，以线条和色块为主，这类对象的线条非常光滑、流畅，可以进行无限的放大、缩小或旋转等操作，并且不会失真，如图 1-5 所示。矢量图不宜用于制作色调丰富或者色彩变化太多的图形，而且绘制出来的图形无法像位图那样精确地描绘各种绚丽的景象。

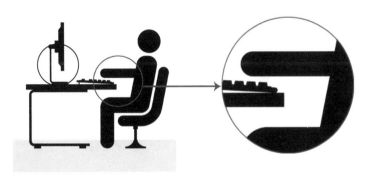

图 1-5　矢量图的原效果与放大后的效果

1.1.3　认识色彩模式

色彩模式决定了图像的显示颜色的数量，也影响图像通道数和图像文件的大小。Photoshop 中能以多种色彩模式显示图像，常用的有 RGB、CMYK、灰度和位图等模式。

1．RGB 模式

RGB 模式是 Photoshop 默认的色彩模式，是图形图像设计中最常用的色彩模式。它代表了可视光线的三种基本色，即红、绿、蓝，它也被称为"光学三原色"，每一种颜色存在 256 个等级的强度变化。当三原色重叠时，不同的混色比例和强度会产生其他的间色，三原色相加会产生白色，如图 1-6 所示。

RGB 模式在屏幕表现下色彩丰富，所有滤镜都可以使用，各软件之间文件兼容性高，但在用于印刷时偏色情况较严重。

2．CMYK 模式

CMYK 模式即由 C（青色）、M（洋红）、Y（黄色）、K（黑色）合成颜色的模式，这是印刷上主要使用的颜色模式，由这 4 种油墨合成可生成千变万化的颜色，因此被称为四色印刷。

青色、洋红、黄色叠加生成红色、绿色、蓝色及黑色，如图 1-7 所示。黑色用来增加对比度，以补偿 CMY 产生的黑度不足。这是因为单纯由 C、M、Y 这三种油墨混合不能产生真正的黑色，因此需要加一种黑色（K）。CMYK 模式是一种减色模式，每一种颜色所占的百分比范围为 0%～100%，百分比越大，颜色越深。

3．灰度模式

灰度模式可以将图片转变成黑白相片的效果，古建筑屋檐与房檐图像的灰度模式效果如图 1-8 所示。灰度模式是图像处理中被广泛运用的模式，采用 256 级不同浓度的灰度来描述图像，每一个像素都有 0～255 范围内亮度的亮度值。

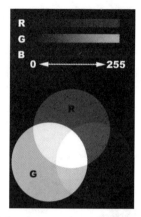
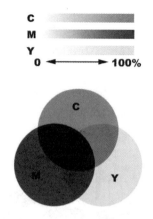

图 1-6　RGB 色彩模式示意图　　　　图 1-7　CMYK 色彩模式示意图

将彩色图像转换为灰度模式时，所有的颜色信息都将被删除。虽然 Photoshop 允许将灰度模式的图像再转换为彩色模式，但是原来已丢失的颜色信息不能再恢复。

4. 位图模式

位图模式也称为黑白模式，即使用黑、白双色来描述图像中的像素，黑白之间没有灰度过渡色。该类图像占用的内存空间非常少。当一幅彩色图像要转换为位图模式时，不能直接转换，必须先将其转换为灰度模式，然后转换为位图模式。古建筑屋檐与房檐图像在转换为位图模式时阈值为 50% 的图像如图 1-9 所示。

图 1-8　古建筑屋檐与房檐的灰度模式　　　　图 1-9　古建筑屋檐与房檐阈值为 50% 的位图模式

1.1.4　图像文件格式

图像文件格式是指在计算机中表示、存储图像信息的格式。面对不同的应用时，选择不同的文件格式非常重要。例如，在彩色印刷领域，图像的文件格式要求为 TIFF 格式；而 GIF 和 JPEG 格式则被广泛应用于互联网中，因为其独特的图像压缩方式，所占用的内存容量十分小。

Photoshop 软件支持 20 多种文件格式，下面介绍 8 种常用的图像文件格式。

1. PSD/PSB 格式

PSD 格式是 Photoshop 软件的默认格式，也是唯一支持所有图像模式的文件格式，可以分别保存图像中的图层、通道、辅助线和路径信息。

PSB 格式是 Photoshop 中新建的一种文件格式，它属于大型文件，除了具有 PSD 格式的所有属性外，最大的特点就是支持宽度和高度最大为 30 万像素的文件。PSB 格式的缺点是存储的图像文件特别大，占用磁盘空间较多。再有，由于在一些图形程序中没有得到很好的支持，所以通用性不强。

2．BMP 格式

BMP 是 DOS 和 Windows 兼容的计算机上的标准图像格式，是英文 Bitmap（位图）的简写。BMP 格式支持 1～24 位颜色深度，使用的颜色模式有 RGB、索引颜色、灰度和位图等，但不能保存 Alpha 通道。BMP 格式的特点是包含图像信息较丰富，几乎不对图像进行压缩，但其占用磁盘空间较大。

3．JPEG 格式

JPEG 是一种高压缩比、有损压缩真彩色的图像文件格式，其最大特点是文件比较小，可以进行高倍率的压缩，因而在注重文件大小的领域应用广泛，比如网络上绝大部分要求高颜色深度的图像都使用 JPEG 格式。JPEG 格式支持 RGB、CMYK 和灰度颜色模式，它主要用于图像预览和制作 HTML 网页。

JPEG 格式是压缩率最高的图像格式之一，这是由于 JPEG 格式在压缩保存的过程中会以失真最小的方式丢掉一些肉眼不易察觉的数据，因此，保存后的图像与原图会有差别。此格式的图像没有原图像的质量好，所以不宜在出版、印刷等对图像质量要求高的场合下使用。

4．AI 格式

AI 格式是 Illustrator 软件所特有的矢量图形存储格式。在 Photoshop 软件中将保存了路径的图像文件输出为 AI 格式，可以在 Illustrator 和 CorelDRAW 等矢量图形软件中直接打开并进行任意修改和处理。

5．TIFF 格式

TIFF 格式用于在不同的应用程序和不同的计算机平台之间交换文件。TIFF 格式是一种通用的位图文件格式，几乎所有的绘画、图像编辑和页面版式应用程序均支持该文件格式。

TIFF 格式能够保存通道、图层和路径信息，由此看来它与 PSD 格式没有什么区别。但实际上，如果在其他应用程序中打开该文件格式所保存的图像，则所有图层将被合并，只有使用 Photoshop 打开并保存了图层的 TIFF 文件，才能修改其中的图层。

6．GIF 格式

GIF 格式也是一种非常通用的图像格式，由于最多只能保存 256 种颜色，且使用 LZW 压缩方式压缩文件，因此，GIF 格式保存的文件不会占用太多的磁盘空间，非常适合 Internet 上的图片传输。GIF 格式还可以保存动画。

7．EPS 格式

EPS 是 Encapsulated Post Script 的缩写。EPS 可以说是一种通用的行业标准格式。可同时包含像素信息和矢量信息。除了多通道模式的图像之外，其他模式都可存储为 EPS 格式，但是它不支持 Alpha 通道。EPS 格式可以支持剪贴路径，在排版软件中可以产生镂空或蒙版效果。

8．WebP 格式

WebP 格式是一种旨在加快图片加载速度的图片格式。它的目的就是为 Web 上的图片资源提供卓越的有损、无损压缩。在与其他格式同等质量指数下，它能提供更小、更丰富的图片资源，以便资源在 Web 上访问和传输。

1.1.5 认识 Photoshop CC 的界面

Photoshop CC 的工作界面主要由菜单栏、工具属性栏、工具箱、面板栏、文档窗口和状态栏等组成，如图 1-10 所示。

图 1-10　Photoshop CC 软件界面

下面详细介绍这些功能项的含义。

菜单栏：菜单栏是软件各种应用命令的集合处，从左至右依次为"文件""编辑""图像""图层""文字""选择""滤镜""3D""视图""窗口""帮助"等菜单命令，这些菜单集合了 Photoshop 中上百个命令。

工具箱：工具箱中集合了图像处理过程中频繁使用的工具，使用它们可以进行绘制图像、修饰图像、创建选区及调整图像显示比例等操作。它的默认位置在软件界面的左侧，拖动其顶部可以将它拖放到工作界面的任意位置。工具箱顶部有个折叠按钮，单击该按钮可以将工具箱中的工具紧凑排列。

工具属性栏：在工具箱中选中某个工具后，菜单栏下方的工具属性栏就会显示当前工具对应的属性和参数，用户可以通过设置这些参数来调整工具的属性。

面板栏：面板栏是 Photoshop CC 中进行颜色选择、图层编辑、路径编辑等操作的主要区域。单击面板栏左上角的扩展按钮，可打开隐藏的面板组。如果想尽可能多地显示工具区，单击面板栏右上角的折叠按钮，可以以最简洁的方式显示面板。

文档窗口：文档窗口是对图像进行浏览和编辑的主要区域，图像窗口标题栏主要显示当前图像文件的文件名和文件格式、显示比例及图像色彩模式等信息。

状态栏：状态栏位于窗口的底部，最左端显示当前图像窗口的显示比例，在其中输入数值后按〈Enter〉键可以改变图像的显示比例；中间显示当前图像文件的大小；右端显示当前所选工具及正在进行操作的功能与作用。

1.1.6　图像文件的创建、保存与关闭

1．图像文件的创建

执行"文件"→"新建"命令，打开"新建文档"对话框，如图 1-11 所示。选择要创建文件的类型后，单击"创建"按钮，即可完成图像文件的创建。

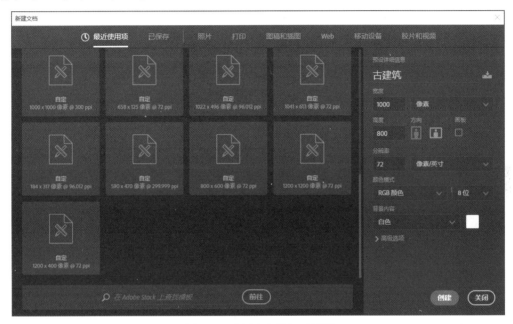

图 1-11　"新建文档"对话框

"新建文档"对话框右侧"预设详细信息"面板用于指定新图像文件的预定义设置，其中各参数含义如下。

- "宽度"和"高度"：用于指定图像的宽度和高度的数值，在其后的下拉列表框中可以设置计量单位（如"像素""厘米""英寸"等）。数字媒体、软件与网页界面设计一般用"像素"作为单位，应用于印刷的设计一般用"毫米"作为单位。此外，还可以借助"方向"按钮选项完成"宽度"与"高度"的互换。
- "分辨率"：主要指图像分辨率，就是每英寸图像含有多少点或者像素。
- "颜色模式"：该项有"位图""灰度""RGB 颜色""CMYK 颜色""Lab 颜色"五种选项。
- "背景内容"：该项有"白色""黑色""背景色""透明""自定义"五种选项。

2．保存与关闭

执行"文件"→"存储为"命令，打开"存储为"对话框，选择合适的存储路径，并输入合适的文件名即可保存图像（默认文件格式为 PSD，网络中一般使用 JPG、PNG 或 GIF 格式）。

执行"文件"→"关闭"命令即可关闭图像文件。当然，直接单击窗口右上角的关闭按钮 ✕ 也能完成同样的功能。

1.1.7 图像文件的打开与屏幕模式的使用

图像文件的打开：执行"文件"→"打开"命令，弹出"打开"窗口，按图像文件的存储路径选择想要打开的图像文件即可。

1-3
图像文件的打开与屏幕模式的使用

在 Photoshop 中有三种不同的显示模式，这三种显示模式可以通过执行"视图"→"屏幕模式"下的子命令进行切换。它们是"标准屏幕模式""带有菜单栏的全屏模式"和"全屏模式"。其中，"标准屏幕模式"如图 1-10 所示，"带有菜单栏的全屏模式"和"全屏模式"两种模式分别如图 1-12a、b 所示。

a)   b)

图 1-12 屏幕模式

a) 带有菜单栏的全屏模式 b) 全屏模式

三种模式的切换也可以通过快捷键〈F〉来实现，连续按快捷键〈F〉可以在这三种模式间快速切换。此外，还可以按快捷键〈Tab〉来隐藏"工具箱""工具属性栏"和"面板栏"。

1.1.8 图像与画布大小操作

1-4
图像与画布大小的操作

通过前面的学习，大家知道像素作为图像的一种尺寸或者单位，如同 RGB 色彩模式一样，只存在于计算机中。像素是一种虚拟的单位，现实生活中并没有这个单位。打开图片"黄山迎客松.jpg"（图 1-2 所示的图像），执行"图像"→"图像大小"命令，可以看到图像的基本信息，如图 1-13 所示。图像尺寸中，宽度为 2620 像素，高度 1747 像素，文档大小中宽度为 92.43 厘米，高度为 61.63 厘米，分辨率为 72 像素/英寸（1 英寸=2.54 厘米）。通过修改图像大小可以完成图像的放大与缩小。

修改画布大小的方法是执行"图像"→"画布大小"命令，打开图 1-14 所示的"画布大小"对话框，它可用于添加现有的图像周围的工作区域，或通过减小画布区域来裁切图像。

在"宽度"和"高度"文本框中输入所需的画布尺寸，在其旁边的下拉列表框中可以选择度量单位。

如果选中"相对"复选框，在输入数值时，画布的大小会相对于原尺寸进行相应的增加与减少。输入的数值如果为负数，则表示减少画布的大小。对于"定位"，单击某个方块以指示现有图像在新画布上的位置。从"画布扩展颜色"下拉列表框中可以选择画布的颜色。

在"画布大小"对话框中设置好参数后，单击"确定"按钮，修改就完成了。

图 1-13 "图像大小"对话框

图 1-14 "画布大小"对话框

1-5
基本选区的
使用

1.1.9 基本选区的使用

选区就是用来编辑的区域,所有的命令只对选区有效,对选区外无效。选区用黑白相间的"蚂蚁线"表示。取消蚂蚁线的方法是执行"选择"→"取消选择"命令。

使用矩形选框工具可以方便地在图像中制作出长宽随意的矩形选区。操作时,只要在图像窗口中拖动鼠标即可建立一个简单的矩形选区(可以复制、粘贴),如图 1-15 所示。

图 1-15 建立矩形选区

在选择了矩形选框工具后,Photoshop 的工具属性栏会自动变换为矩形选框工具参数设置状态。该属性栏分为选择方式、羽化和样式等几部分,如图 1-16 所示。

图 1-16 矩形选框工具属性栏

其中,选择方式分为以下几种:"新选区"按钮 ,能清除原有的选区,直接新建选区。这是 Photoshop 中默认的选择方式,使用起来非常简单;"添加到选区"按钮 ,能在原有的选区的基础上,添加新的选区;"从选区减去"按钮 ,能在原有的选区中减去与新的选区重叠的部分;"与选区交叉"按钮 ,使原有选区和新建选区相交的部分成为最终的选择范围。

羽化：设置羽化参数可以有效地消除选区中的硬边界并将它们柔化，使选区的边界产生朦胧的渐隐效果。对图 1-15 中的选区进行羽化，前后的对比效果如图 1-17 所示。

a)　　　　　　　　　　　　　　　　b)

图 1-17　矩形选框工具的"羽化"选择方式

a) 未进行羽化　b) 羽化后的效果

样式：当需要得到精确的选区的长宽特性时，可通过选区的"样式"选项来完成。样式分为三种：正常、固定长宽比和固定大小。

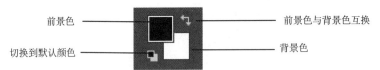

1-6
设置前景色与背景色

1.1.10　设置前景色与背景色

Photoshop 使用前景色绘图、填充和描边选区，使用背景色进行渐变，填充图像中被擦除的区域。前景色与背景色的设置按钮在工具箱中，如图 1-18 所示。

前景色　　　　　　　　　　　　　　　前景色与背景色互换

切换到默认颜色　　　　　　　　　　　背景色

图 1-18　设置前景色与背景色

单击前景色或背景色颜色框，即可打开"拾色器"对话框，如图 1-19 所示。

原稿颜色　　当前拾取的颜色

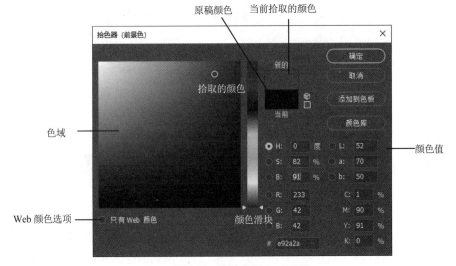

色域

Web 颜色选项　　　　颜色滑块

颜色值

图 1-19　"拾色器"对话框

在左侧的色域中任意单击，或者在对话框右侧的参数设置中输入其中一种颜色模式的数值均可得到所需的颜色。

选中工具箱中的吸管工具 🖋，然后在需要的颜色上单击，即可将该颜色设置为当前的前景色。当拖动吸管工具在图像中取色时，前景色选择框会动态地发生相应的变化。如果单击某种颜色的同时按住〈Alt〉键，可以将该颜色设置为新的背景色。

1-7
传统旗袍网页
banner 广告展
示实现

1.1.11　案例实现过程

本案例操作步骤如下。

1）打开 Photoshop 软件，按快捷键〈Ctrl+N〉执行"新建"命令，创建一个宽为 1200 像素、高为 320 像素、分辨率为 72 像素/英寸的文档。执行"文件"→"存储为"命令，将文档保存为"传统旗袍网页广告展示.psd"。

2）按快捷键〈Ctrl+R〉显示标尺，右击标尺区域选择标尺的显示方式为"像素"。设置前景色为浅卡其色（#f9dcc7），按快捷键〈Alt+Delete〉填充前景色。

3）执行"视图"→"新建参考线"命令，添加一条垂直辅助线，位置在 300 像素处，如图 1-20 所示。

4）执行"文件"→"置入嵌入对象"命令，选择"传统旗袍网页广告展示"文件夹下的图片"祥云.jpg"，将图片置入项目中，调整位置，设置图层的不透明度为 40%，效果如图 1-21 所示。

图 1-20　添加垂直辅助线　　　　　　　　　　　图 1-21　添加祥云背景后的效果

5）执行"文件"→"置入嵌入对象"命令，选择"传统旗袍网页广告展示"文件夹下的图片"红色旗袍.png"，将图片置入项目中，将领口位置对准垂直辅助线，调整大小，如图 1-22 所示。

6）使用椭圆选框工具，在工具属性栏中设置"样式"为"固定大小"、宽度为 230 像素、高度为 230 像素，如图 1-23 所示。

样式：固定大小　宽度：230 像素 ⇄ 高度：230 像素

图 1-22　置入旗袍图片后的效果　　　　　　　　　图 1-23　设置工具属性栏

7）执行"图层"→"新建"→"图层"命令，创建一个新的"图层 1"图层。

8）使用椭圆选框工具绘制一个圆形，设置前景色为白色，按快捷键〈Alt+Delete〉填充前景色，效果如图 1-24 所示。

9）设置前景色为深红色（#95021f），执行"编辑"→"描边"命令，弹出"描边"对话框，按图 1-25 所示进行设置，描边后的效果如图 1-26 所示。

图 1-24　绘制圆形后的效果　　　　　　　　图 1-25　"描边"对话框

10）执行"文件"→"置入嵌入对象"命令，选择"传统旗袍网页广告展示"文件夹下的图片"花纹设计.png"，将图片置入项目中。用同样的方法导入图片"领口设计.png"。调整大小与位置，效果如图 1-27 所示。

图 1-26　描边后的效果　　　　　　　　图 1-27　置入素材图片后的效果

11）使用横排文字工具输入"Woman"中的大写首字母"W"，设置字体为"Impact"、大小为"100 点"、文字颜色为深红色（#95021f），调整其位置。在工具箱中选中"横排文字工具"，在其工具属性栏中单击"切换字符和段落面板"按钮 ，在"字符"面板中设置文字为"仿斜体"，如图 1-28 所示；用同样的方法输入英文"oman　charm"，大小为"24 点"且为"仿斜体"。效果如图 1-29 所示。

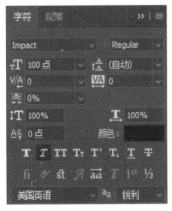

图 1-28　"字符"面板　　　　　　　　图 1-29　设置文字后的效果

12）使用横排文字工具输入"立体裁剪"，设置字体为"黑体"、大小为"38 点"、颜色为深红色（#95021f）、"仿斜体"，调整位置；用同样的方法输入数字"1"，设置字体为"Impact"、大小为"70 点"、颜色为橙色（# fbb307）、"仿斜体"，调整其位置；再用同样的方法输入"折"字，设置字体为"黑体"、大小为"28 点"、颜色为橙色（# fbb307）、"仿斜体"。效果如图 1-30 所示。

13）使用横排文字工具输入"简约的轮廓 展现优雅的气质"，设置字体为"黑体"、大小为"30 点"、颜色为深红色（#95021f）、"仿斜体"，调整其位置，效果如图 1-31 所示。

图 1-30　输入"立体裁剪"和"1 折"后的效果

图 1-31　输入辅助文字后的效果

14）执行"图层"→"新建"→"图层"命令，创建一个新的图层。使用矩形选框工具绘制一个长方形，设置前景色为深红色（#95021f），按快捷键〈Alt+Delete〉填充前景色，效果如图 1-32 所示。

15）执行"编辑"→"自由变换"命令，右击（单击右键）切换到"斜切"命令，将矩形框水平倾斜平移-30°。使用横排文字工具输入"精致优雅 民族特色"，设置字体为"微软雅黑"、大小为"48 点"、颜色为白色、"仿斜体"，调整其位置，效果如图 1-33 所示。

图 1-32　添加矩形框

图 1-33　矩形框斜切并输入文字

16）采用同样的方法在圆形的"花纹设计"图像下方绘制矩形框，添加文本"花纹设计"；在圆形的"领口设计"图像下方绘制矩形框，添加文本"领口设计"。最终效果如图 1-1 所示。

1.1.12 应用技巧

快速掌握 Photoshop 软件的方法。

技巧 1：熟悉软件框架。Photoshop 处理对象分为位图和矢量图形两类，可以分开学习。在实际处理时，对位图主要是像素的操作，对矢量图形主要是形状的操作。

技巧 2：了解具体方法与每个功能。每个软件的功能一般不同，所以有必要了解软件的特点，认真学习教材内容，或者查看帮助文件，确保清楚每一个功能的用法。

技巧 3：勤加练习。一定注意多练习、多实践，这样可以增加对软件的熟悉程度，同时锻炼自己的操作能力。

1.2 案例 2：智能手表广告展示

本案例主要使用大小不一样的展示窗口展示智能手表系列产品，借助矩形选框工具和文字工具实现页面效果。智能手表广告展示效果如图 1-34 所示。

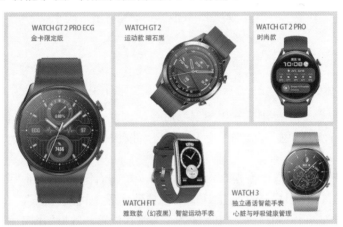

图 1-34 智能手表广告展示效果

1.2.1 快捷键指法应用

快捷键操作是指通过键盘的按键或组合按键来快速执行或切换软件命令的操作。使用快捷键能大大提高工作效率。

1. 指法介绍

下面举几个例子来说明快捷键的使用方法与技巧。

快捷键〈Ctrl+A〉：选择全部。

操作含义：按住〈Ctrl〉键不松手，然后按一下〈A〉键，最后松开所有按键。

操作要点：按〈Ctrl〉键时不可松手，确保在按住它的前提下去按第二个键；同样，在按〈A〉键时第一个键不可松开。

操作指法（以左手操作键盘，右手操作鼠标为例），如图 1-35 所示。

图1-35 快捷键〈Ctrl+A〉的指法操作技巧

快捷键〈Ctrl+P〉的功能：打印。操作指法如图1-36所示。

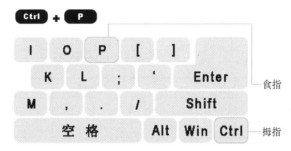

图1-36 快捷键〈Ctrl+P〉的指法操作技巧

快捷键〈Ctrl+Alt+Space〉的功能：切换至缩小工具🔍。操作指法如图1-37所示。

图1-37 快捷键〈Ctrl+Alt+Space〉的指法操作技巧

快捷键〈Ctrl+Shift+Alt+T〉的功能：再次变换复制的像素数据并建立一个副本。操作指法如图1-38所示。

图1-38 快捷键〈Ctrl+Shift+Alt+T〉的指法操作技巧

2. 常见问题

问题 1：许多快捷键在中文输入法状态下无效。解决办法：切换至英文输入状态。

问题 2：按组合快捷键时，先按了的按键不小心松开了，使整个组合快捷键无效（初期会出现）。解决办法：不要松开第一个按键。

问题 3：快捷键与鼠标协同操作时，先松开键盘，后松开鼠标导致鼠标操作无效。解决办法：先松开鼠标，再松开键盘。

1.2.2 常用快捷键

高效的 Photoshop 操作基本都是左手操作键盘，右手操作鼠标，十分快捷、方便。Photoshop 常用工具快捷键一览表见表 1-1。

表 1-1　Photoshop 常用工具快捷键一览表

快捷键	功能	快捷键	功能
M	选框	L	套索
V	移动	W	快速选择
J	修复画笔	B	画笔
I	吸管	S	仿制图章
Y	历史记录画笔	E	橡皮擦
R	旋转视图	O	减淡
P	钢笔	T	文字
U	自定义形状	G	渐变
H	抓手	Z	缩放
C	裁剪	A	直接选取
D	默认前景和背景色	X	切换前景色和背景色
Q	编辑模式切换	F	显示模式切换

Photoshop 常用的快捷键一览表见表 1-2。

表 1-2　Photoshop 常用快捷键一览表

快捷键	功能与作用	快捷键	功能与作用
Ctrl+N	新建图形文件	Tab	切换显示或隐藏所有的控制板
Ctrl+O	打开已有的图像	Shift+Tab	隐藏其他面板（除工具箱）
Ctrl+W	关闭当前图像	Ctrl+A	全部选择
Ctrl+D	取消选区	Ctrl+G	与前一图层编组
Ctrl+Shift+I	反向选择	Ctrl++	放大视图
Ctrl + S	保存当前图像	Ctrl+-	缩小视图
Ctrl + X	剪切选取的图像或路径	Ctrl+0	满画布显示
Ctrl + C	复制选取的图像或路径	Ctrl+L	调整色阶
Ctrl+V	将剪贴板的内容粘贴到当前图像中	Ctrl+M	打开"曲线调整"对话框
Ctrl + K	打开"首选项"对话框	Ctrl+U	打开"色相/饱和度"对话框

（续）

快捷键	功能与作用	快捷键	功能与作用
Ctrl + Z	还原前一步操作	Ctrl+Shift+U	去色
Ctrl + Shift + Z	重做上一操作	Ctrl+I	反相
Ctrl+T	自由变换	Ctrl+J	通过复制建立一个图层
Ctrl + Shift + E	合并可见图层	Ctrl+E	向下合并或合并链接图层
Ctrl+Shift+Alt+T	再次变换复制的像素数据并建立一个副本	Ctrl+[	将当前层下移一层
Delete	删除选框中的图案或选取的路径	Ctrl+]	将当前层上移一层
Ctrl+BackSpace 或 Ctrl+Delete	用背景色填充所选区域或整个图层	Ctrl+Shift+[	将当前层移到最下面
Alt +BackSpace 或 Alt +Delete	用前景色填充所选区域或整个图层	Ctrl+Shift+]	将当前层移到最上面

1-8
智能手表广告
展示实现

1.2.3 案例实现过程

本案例操作步骤如下。

1）打开 Photoshop 软件，执行"文件"→"新建"命令（或者按快捷键〈Ctrl+N〉），创建一个宽为 800 像素、高为 500 像素、分辨率为 72 像素/英寸的文档。执行"文件"→"存储为"命令，保存为"智能手表广告展示.psd"。

2）按快捷键〈Ctrl+R〉显示标尺，右击标尺区域选择标尺的显示方式为"像素"，也可以执行"文件"→"首选项"→"单位与标尺"命令，在打开的"首选项"对话框中设置标尺单位为"像素"。设置前景色为浅灰色（#CCCCCC），执行"编辑"→"填充"命令，将背景色填充为浅灰色。

3）执行"视图"→"新建参考线"命令，添加 4 条水平辅助线（依次在 10 像素、260 像素、270 像素、490 像素），再添加 8 条垂直辅助线（依次在 10 像素、260 像素、270 像素、530 像素、540 像素、590 像素、600 像素、790 像素），如图 1-39 所示。

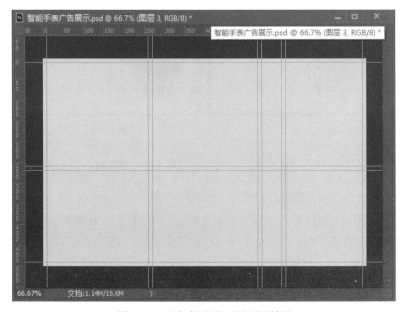

图 1-39 添加辅助线后的页面效果

4）使用矩形选框工具选择从坐标（10 像素, 10 像素）到（260 像素, 490 像素）的矩形，设置前景色为白色（#FFFFFF），使用油漆桶工具填充这个区域，效果如图 1-40 所示。

5）采用同样的方法，依次使用矩形选框工具选择其他几个区域，使用油漆桶工具填充后的页面效果如图 1-41 所示。

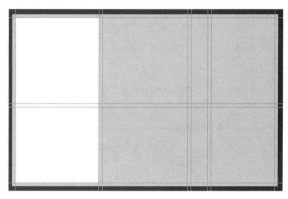
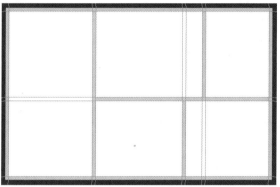

图 1-40　填充第一个矩形框的效果　　　　　　　图 1-41　填充所有矩形选区后的效果

6）执行"视图"→"显示"→"参考线"命令（或者按快捷键〈Ctrl+;〉），将参考线隐藏起来。

7）执行"文件"→"置入嵌入对象"命令，选择"智能手表广告展示"文件夹下的图片"1 WATCH GT 2 Pro ECG 金卡限定版.png"，将图片置入项目中，如图 1-42 所示。选择图像四个角点的任意一个点，改变图像的大小，将置入的图片等比例缩小（该点也可以实现图像的角度旋转），调整位置，页面效果如图 1-43 所示。

图 1-42　置入嵌入对象　　　　　　　　　　　图 1-43　调整对象的位置

8）采用同样的方法，依次将"智能手表广告展示"文件夹下的图片"2 WATCH GT 2 运动款 曜石黑.png""3 WATCH GT 2 Pro 时尚款.png""4 WATCH FIT 雅致款.png""5 WATCH 3 独立通话智能手表.png"置入项目并调整大小、角度和位置，页面效果如图 1-44 所示。

9）使用横排文字工具在第一个矩形框中输入文本"WATCH GT 2 Pro ECG 金卡限定版"，设置字体为"微软雅黑"、大小为"16 点"、颜色为黑色，调整位置，页面效果如图 1-45 所示。

10）依次添加其他产品的文字说明。最终的页面效果如图 1-34 所示。

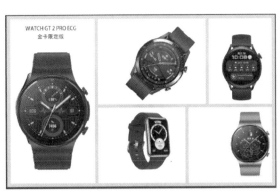

图 1-44　添加所有图片后的效果　　　　　　图 1-45　加入文字后的效果

1.2.4　应用技巧

如何才能学好 Photoshop 呢？

技巧 1：要有足够的兴趣，兴趣是最好的老师，也是学习的开始。

技巧 2：学习从模仿开始，先把优秀的作品作为模仿练习的对象，进行反复练习，不断地摸索规律，总结经验。

技巧 3：需要通过努力提高自己的审美能力，平时多去看一些优秀的作品，多思考，慢慢地，审美就会不断提高。

1.3　项目实践

1．模仿案例 2 的设计思路，使用不同的色块展示冰刀鞋、轮滑鞋等相关产品，借助矩形选框工具和文字工具实现网站广告位展示，效果如图 1-46 所示。

图 1-46　滑冰鞋与溜冰鞋广告位页面效果展示

2．模仿案例 1 的设计思路，为一家男装店进行 banner 设计，要求整体风格简洁明快，主题鲜明，折扣和主打文案紧密相连，突出显示价格便宜，吸引客户的眼球，效果如图 1-47 所示。

图 1-47　男装广告位页面效果展示

模块 2　基本工具的使用

2.1　案例 1：感恩教师节海报制作

十年树木，百年树人。一年年春华秋实，一载载桃李芬芳。教师，既是辛勤的园丁，也是人类灵魂的工程师。在教师节前夕，向默默耕耘、辛勤工作的教师们致以最崇高的节日祝福！

本案例运用选取工具、移动工具、魔棒工具、裁剪工具、图案图章工具、文字工具等，通过对图像素材调整、装饰，综合设计感恩教师节海报。案例效果如图 2-1 所示。

图 2-1　感恩教师节海报效果

2.1.1　使用移动工具

移动工具：用来移动图层里的整个画面或图层里由选框工具控制的区域。当选中移动工具时，移动工具的属性栏将会显示在菜单栏的下方，如图 2-2 所示。

图 2-2　移动工具的属性栏

在选中移动工具时，若"自动选择"复选框被选中，当单击画布中的图像时，图像便会自动被选中；否则，需要通过单击"图层"面板中的相应图层，图像才会被选中。通过图像边框的控制点可对图像进行大小调整、旋转等操作。"显示变换控件"复选框被选中时，当单击画布中的图像时，便会在图像的四周出现黑色并带有矩形框的边框，如图 2-3 所示。通过"显示变换控件"复选框后面的工具按钮可对多个图形进行对齐、排列等操作。操作结束后，可单击属性栏中的按钮，或者双击该图片，便可确认此次操作。

a)   b)

图 2-3　移动工具的使用

a) 自动选中状态　b) 对图像进行了旋转

2-2
使用选框工具组

2.1.2　使用选框工具组

选框工具组 ▦ 包含矩形选框工具、椭圆形选框工具、单行选框工具及单列选框工具。

矩形选框工具 ▦ 可以方便地在画布中绘制出长宽随意的矩形选区。操作时，只要在图像窗口中按下鼠标左键同时拖动到合适大小松开鼠标，便可建立矩形选区。

 注意： 按住〈Shift〉键的同时拖动可建立正方形选区，按住〈Shift+Alt〉键可以以单击点为中心创建一个正方形选区。

椭圆形选框工具 ⬭：可以绘制出半径随意的椭圆形选区。按住〈Shift〉键的同时拖动可以绘制圆形选区。

单行选框工具 ▭：可以在图像中绘制出高度为 1 像素的单行选区。

单列选框工具 ▯：可以在图像中绘制出宽度为 1 像素的单列选区。

在选框工具属性栏中依次是选区建立方式、羽化、消除锯齿、样式、宽度和高度等选项，矩形选框工具的属性栏如图 2-4 所示。各选框工具的属性栏功能相似，但也各有千秋。

![矩形选框工具属性栏]
```
[:] ∨   ■ ◱ ◰ ◲   羽化: 0像素   消除锯齿   样式: 正常   ∨   宽度   ⇄   高度      选择并遮住 …
```

图 2-4　矩形选框工具属性栏

选区建立方式：包括新选区 ◉、添加到选区 ◰、从选区中减去 ◲、与选区交叉 ◲ 四个选项。

羽化：此项用于设置各选区的羽化属性。羽化选区可以模糊选区边缘的像素，产生过渡效果。羽化宽度越大，则选区的边缘越模糊，选区的直角部分也将变得圆滑。这种模糊会使选定范围边缘上的一些细节丢失。在"羽化"文本框中可以输入羽化数值，设置选区的羽化功能，取值范围为 0～1000 像素。

消除锯齿：选中该复选框后，选区边缘锯齿将消除。此选项在椭圆选区工具中才可用。

样式：此选项用于设置各选区的形状。单击右侧的下三角按钮，打开下拉列表框，可以选择不同的样式。其中，"正常"样式表示可以创建不同大小和形状的选区；"固定长宽比"样式可以设置选区宽度和高度之间的比例，并可在其右侧的"宽度"和"高度"文本框中输入具体的数值；"固定大小"样式表示将锁定选区的宽度与高度，并可在右侧的文本框中输入数值。

2-3
使用套索工具组

2.1.3　使用套索工具组

套索工具组中主要包含套索工具、多边形套索工具和磁性套索工具。它们也是经常用到的制作选区的工具，可以用来制作折线轮廓选区或者不规则图像选区。

1. 套索工具

套索工具：可以在图像中获取自由区域，主要采用手绘的方式实现。它的随意性很大，要求对鼠标指针有较好的控制能力。如果想勾画出精确的选区，则不宜使用此工具。套索工具的属性栏主要包括建立选区的方式、羽化、消除锯齿等选项，各选项的含义与矩形选框工具属性栏中相应选项的含义一致。

套索工具的使用方法：按住鼠标左键进行拖动，随着鼠标的移动可形成任意形状的选择范围，松开鼠标后就会自动形成封闭的浮动选区。以素材图片"康乃馨"为例，使用套索工具选取后的效果如图 2-5 所示，属性栏中羽化设置为 10 像素。

若要利用套索工具绘制直线边框的选区，或者在绘制的过程中实现手绘与直线段之间切换，需要按住〈Alt〉键，单击起始位置和终止位置；要排除最近绘制的直线段，直接按〈Delete〉键；要闭合选区，需要在未按住〈Alt〉键时松开鼠标。

2. 多边形套索工具

多边形套索工具：主要用来绘制边框为直线型的多边形选区。其属性栏与套索工具一致。

多边形套索工具的使用方法：在形成直线的起点单击，拖动鼠标形成直线，在此条直线结束的位置再次单击，在两个单击点之间就会形成直线，以此类推。当终点和起点重合时，工具图标的右下角有圆圈出现，单击就可形成完整的选区。如果终点与起点未重合，想完成该选区的创建，需要双击或者按住〈Ctrl〉键单击。以素材图片"康乃馨"为例，使用多边形套索工具选取后的效果如图 2-6 所示。

图 2-5　套索工具的使用　　　　　图 2-6　多边形套索工具的使用

在绘制过程中按住〈Shift〉键可绘制角度为 45° 倍数的直线；若使用手绘模式，则需要按住

〈Alt〉键，即可在绘制的过程中完成套索工具与多边形套索工具之间的切换；若要删除最近绘制的线段，直接按〈Delete〉键即可。

3. 磁性套索工具

磁性套索工具 📂：是一种自动选择边缘的套索工具，适用于快速选择与背景对比强烈且边缘复杂的对象。当拖动磁性套索工具，它将分离前景和背景，在前景图像边缘上设置节点，直到形成选区。当所选轮廓与背景有明显的对比时，磁性套索工具可以自动分辨出图像上物体的轮廓而加以选择。磁性套索工具能自动选择出轮廓，是因为它可以判断颜色的对比度，当颜色对比度的数值在它可判断的范围以内，可以轻松地选中轮廓；而当轮廓与背景颜色接近时，则不宜使用该工具。

2-4
使用魔棒与快
速选择工具

2.1.4 使用魔棒与快速选择工具

1. 魔棒工具

魔棒工具 ✨：用来选择图片中着色相近的区域。当选中工具箱中的魔棒工具时，魔棒工具属性栏将显示在菜单栏下方，如图 2-7 所示。属性栏中包括选区建立方式、取样大小、容差、消除锯齿、连续、对所有图层取样等选项。

| 🔽 ✨ ✓ | ▢ ▢ ▢ ▢ | 取样大小：取样点 ▽ | 容差：32 | ✓ 消除锯齿 | ✓ 连续 | □ 对所有图层取样 | 选择主体 | 选择并遮住 … |

图 2-7 魔棒工具属性栏

使用魔棒建立选区有四种方式，分别为新选区、添加到选区、从选区中减去，以及与选区交叉。

"新选区"就是去掉旧的选区，选择新的区域。每次单击都将是一个独立的、新的选区，在选区的边缘位置会出现运动的虚线，虚线内部的区域为已选中的区域，如图 2-8a 所示。"添加到选区"就是在旧的选区的基础上增加新的选区，形成最终的选区，即可选择多个区域，如图 2-8b 所示。

a)   b)

图 2-8 魔棒工具的使用

a) 新选区的使用　b) 添加到选区的使用

容差：数值越小，选取的颜色范围越接近；数值越大，选取的颜色范围越大。数值范围为 0～255，系统默认为 32。

消除锯齿：选中该复选框后，所选择的区域更加圆滑。

连续：如果未选中该复选框，则得到的选区是整个图层中色彩符合条件的所有区域，这些区域并不一定是连续的。

对所有图层取样：如果选中该复选框，则色彩选取范围可跨所有可见图层。如果未选中该复选框，魔棒只能在当前图层中起作用。

选择主体：能快速建立选区，自动寻找出画面中的主要对象。这是 Photoshop 新版本中的功能，以图 2-8 所示素材为例，如果单击"选择主体"按钮，软件能自动选取画面中的黄色花朵。也可以通过执行"选择"→"主体"命令实现该功能。

2．快速选择工具

快速选择工具 ：用于快速建立简单的选区。选中快速选择工具后，快速选择工具的属性栏显示，如图 2-9 所示。属性栏中依次是选区建立方式、画笔大小控制、对所有图层取样、自动增强、选择主体等选项。选项设置方式与魔棒工具相似。

图 2-9　快速选择工具属性栏

以图 2-10 所示素材为例，要想得到玫瑰花的选区，选中快速选择工具后，单击并在所需的区域上拖动，直至得到玫瑰花选区。

a)　　　　　　　　　　　　　　　　　　b)

图 2-10　快速选择工具的使用

a) 使用快速选择工具　b) 拖动鼠标直至得到所需选区

2-5
使用裁剪与透视裁剪工具

2.1.5　使用裁剪与透视裁剪工具

1．裁剪工具

裁剪工具 ：用来裁剪图像的大小。选中裁剪工具后，裁剪工具属性栏显示如图 2-11 所示。可以通过"比例"下拉列表框来选择所需要裁切的比例。

图 2-11　裁剪工具属性栏

默认情况下，裁剪区域自动显示为整个图像的编辑区域。

　　要调整裁剪区域的尺寸，首先将指针定位在裁剪区域，拖动指针，如图 2-12 所示；或者将指针移至四周的控制点上，待指针变为 ↗ 或 ↘ 形状后，拖动指针即可。在裁剪区域的中心有一个 ◇ 标记，该标记被称为旋转支点，即用户在旋转裁剪区域时将围绕该点来进行。要移动旋转支点，首先将指针移至支点附近，待指针变为 ▶ 形状后拖动指针即可；要旋转裁剪区域，首先将指针定位在裁剪区域外侧，待指针变为 ↵ 形状后拖动指针即可，旋转到位后，按〈Enter〉键确认。

a)　　　　　　　　　　　　　　　　　　　b)

图 2-12　裁剪工具的使用

a) 使用裁剪工具　b) 裁剪后的图片效果

2. 透视裁剪工具

　　透视裁剪工具 ▦：也是一个裁剪工具，它比一般的裁剪工具更灵活，一般的裁剪工具只能裁剪出正方形或者长方形的图片，而透视裁剪工具可以裁剪出不规则形状的图片。利用透视裁剪工具可以将图像修正为正面的透视效果。

　　例如，在图 2-13a 中，使用透视裁剪工具选择户外广告牌中的"长津湖"电影海报，分别调整裁剪区域的四角到画外广告牌的四个顶点位置，按〈Enter〉键确认，即可得到正面修正的"长津湖"电影海报，如图 2-13b 所示。

 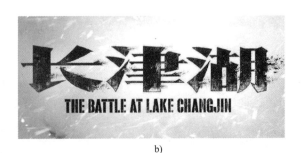

a)　　　　　　　　　　　　　　　　　　　b)

图 2-13　透视裁剪工具的使用

a) 使用透视裁剪工具选择所需区域　b) 使用透视裁剪工具后的图像

2.1.6　使用仿制图章与图案图章工具

1. 仿制图章工具

仿制图章工具 ：可准确复制图像的一部分或全部，它是修补图像时常用的工具。例如，若原有图像有折痕，可用此工具选择折痕附近颜色相近的像素点来进行修复。

仿制图章工具的使用方法：将指针移到想要复制的图像上，按住〈Alt〉键，选中仿制源点，源点处会出现十字图标 （见图 2-14a），然后松开〈Alt〉键。这时就可以拖动鼠标，在图像的任意位置开始仿制，十字图标表示仿制时的取样点，一直拖动可实现整个图像的仿制（见图 2-14b）。

a)　　　　　　　　　　　　　　　　　　　　　　　　b)

图 2-14　仿制图章工具的使用

a) 原始图像按〈Alt〉键选择　b) 仿制效果

2. 图案图章工具

图案图章工具 ：可以快速实现图案的填充与复制效果。要想使用比较理想的图案，首先要定义图案。在图 2-15a 中，使用矩形选框工具选择一朵祥云，然后执行"编辑"→"定义图案"命令，弹出"图案名称"对话框，将图案命名为"金色祥云"（见图 2-15b），按〈Enter〉键确认，即可完成图案图章的定义。

a)　　　　　　　　　　　　　　　　　　　　　　　b)

图 2-15　图案的定义

a) 选择需要定义为图章的图案　b) 定义图案图章

新建一个文档，然后选中图案图章工具，在图案图章工具的属性栏中选择刚刚创建的"金色祥云"图案，如图 2-16 所示。

图 2-16　在"图案图章工具"属性栏中选择所需的图案图章

最后，新建一个文档，拖动鼠标即可将图案图章平铺整个文档，如图 2-17 所示。

图 2-17　图案图章绘制后的效果

2.1.7　使用橡皮擦工具

2-7
使用橡皮擦
工具

橡皮擦工具组 ：含有橡皮擦、背景橡皮擦、魔术棒橡皮擦三种擦除工具。当橡皮擦工具作用在背景层时，相当于使用背景颜色的画笔；当作用于图层时，擦除后变为透明。背景橡皮擦能将背景层擦成普通层，把画面完全擦除。魔术橡皮擦依据画面颜色擦除画面。橡皮擦工具的属性栏如图 2-18 所示。

图 2-18　橡皮擦工具属性栏

模式：可选择橡皮擦的擦除方式及形状。

不透明度：橡皮擦擦除效果的不透明度。

流量：橡皮擦擦除效果的深浅。

橡皮擦工具的操作方法：直接选中该工具，设置相应的模式及不透明度等，在图像上拖动即可擦除橡皮擦经过的部分。

2.1.8　使用文字工具组

2-8
使用文字
工具组

1. 认识文字工具

文字工具组主要包括横排文字工具 T 、竖排文字工具 IT 等，它们分别可以输入横排文字和竖排的文字。这里以横排文字工具为例介绍其使用方法，两种工具属性栏中的选项都是相同的，如图 2-19 所示。

图 2-19　文字工具属性栏

文字工具属性栏中的各选项功能和 Word 中的功能相似。第一个选项为切换文本取向 按钮，其作用是改变文本的方向，如果原来是横排文字，若单击此按钮将变成竖排文字。接下来的选项依次可以设置字体样式、字体大小。

在字体大小后面是设置消除字体锯齿的选项，有犀利、锐利、平滑、浑厚等几种方式，主要设置所输入字体边缘的形状，并消除锯齿。

接下来的选项为设置输入文字的排列方式和字体颜色，横排文字对齐方式分为左对齐、居中对齐和右对齐。

单击"创建变形文本"按钮 可以创建变形文本。

下一个选项为"切换字符与段落面板"按钮 ，单击该按钮，打开"字符" / "段落"面板，用来调整字符和段落的基本属性。

通过文字工具可以输入直排文字和段落文字。直排文字的输入方法：选中文字工具，在页面中的合适位置单击，然后输入文字即可。段落文本是一类以段落文字边框来确定文字的位置与换行情况的文字，边框里的文字会自动换行。选中文本工具，在页面中拖动鼠标，松开鼠标后创建一个段落文本框。生成的段落文本框有 8 个控制文字框大小的控制点，可以放缩文字框，但不影响文字框内的各项设定。创建完文字框后，在文字框内直接输入文字即可，如图 2-20 所示。

a)　　　　　　　　　　　　　　　　　　b)

图 2-20　段落文字的输入

a) 输入段落文字　b) 调整后的效果

2．文字格式的设置

文字字体是否得当，字号是否合适，段落排列是否整齐、美观，将直接影响整个作品的效果。如果对输入的文字字体、段落等方式不满意，可单击文字工具属性栏中的"切换字符与段落面板"按钮 ，进行细致的调整。"字符"面板如图 2-21a 所示，单击"段落"选项卡会切换到"段落"面板。

（1）"字符"面板

在"字符"面板中除了可以设置文字的字体、大小、颜色、消除锯齿等基本选项外，还可设置行距、垂直缩放、水平缩放等项。

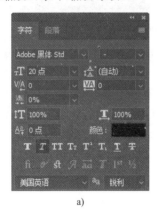
a)

b)

图 2-21　文字调整面板

a)"字符"面板　b)"段落"面板

设置行距 ：行距指两行文字之间的基线距离。在数值框中输入数值或在下拉列表中选择一个数值，可以设置行距。数值越大行距越大。

垂直缩放 100% 和水平缩放 100% ：在数值框中输入百分比，可分别调整文字在垂直方向和水平方向的放大比例。

设置所选字符比例间距 0% ：按指定的百分比值减少字符周围的空间。当向字符添加比例间距时，字符两侧的间距按相同的百分比减少，字符本身不会被伸展或挤压。

设置两个字符间的字距微调 5 ：用于控制所选文字的间距，数值越大间距越大。

设置基线偏移 0点 ：控制文字与文字基线之间的距离。正数向上移，负数向下移。

在基线偏移的下方按钮组为文字的加粗、倾斜、全部大写、全部小写、上标、下标等基本设置。

（2）"段落"面板

在"段落"面板中可设置段落中文本的对齐方式，以及左缩进、右缩进及首行缩进的大小等，如图 2-21b 所示。另外，还有段前添加空格、段后添加空格等。

段前添加空格 0点 和段后添加空格 0点 ：用于设置当前段落与上一段落或下一段落之间的垂直间距。

避头尾法则设置：确定日语文字中的换行。不能出现在一行的开头或结尾的字符称为避头尾字符。

间距组合设置：确定日语文字中标点、符号、数字及其他字符类别之间的间距。

连字：设置手动和自动断字，仅适用于 Roman 字符。

3. 从文本创建 3D 文字效果

图 2-19 所示的文字工具属性栏中最后一个选项为"从文本创建 3D"。在原有文字基础上可以借助该选项直接创建文字的 3D 效果。

输入的文本"金猴献瑞"（见图 2-22a），单击"从文本创建 3D"按钮 3D ，弹出图 2-22b 所示的提示对话框，询问"您即将创建一个 3D 图层。是否要切换到 3D 工作区"，单击"是"按钮即可进入 3D 工作区（见图 2-22c），设置参数、角度与大小后，3D 文字效果如图 2-22d 所示。

a)

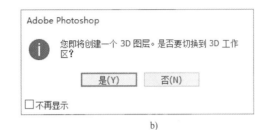

b)

c)

d)

图 2-22　创建 3D 文字效果

a) 输入"金猴献瑞"文本　b) 提示对话框　c) 在 3D 工作区编辑 3D 文字　d) 3D 文字效果

　　要实现该效果，也可以执行"3D"→"从所选图层创建 3D 模型"命令，第 3.2.3 小节会详细讲解。

2.1.9　案例实现过程

　　用选择工具选取部分图像以便和其他图像组合是图像编辑中最常用的方式，其操作简单而实用。本例将通过文字与图像的组合编辑来实现教师节海报的制作，操作步骤如下。

　　1）打开 Photoshop 软件，执行"文件"→"新建"命令（或者按快捷键〈Ctrl+N〉），创建一个宽为 1200 像素、高为 400 像素、分辨率为 72 像素/英寸的文档。执行"文件"→"存储为"

命令，保存为"感恩教师节.psd"。

2）新建一个图层，命名为"背景图案"。选中图案图章工具，在其属性栏中选择"金色祥云"图案（第 2.1.6 小节中定义的图案），在图层中绘制"金色祥云"图案。在图层中设置其透明度为 20%，效果如图 2-23 所示。

3）打开素材图像"卡通教师.jpg"，使用"裁剪工具"裁剪所需的图像内容，如图 2-24 所示。

图 2-23 "金色祥云"背景图案效果   图 2-24 裁剪教师素材

4）使用魔棒工具，选取背景浅绿色区域，执行"选择"→"反选"命令（快捷键为〈Ctrl+Shift+I〉）从而选中核心图像（见图 2-25）；执行"编辑"→"拷贝"命令（快捷键为〈Ctrl+C〉）将其复制；切换至"感恩教师节.psd"文档，执行"编辑"→"粘贴"命令（快捷键为〈Ctrl+V〉）将其粘贴；调整其大小与位置。效果如图 2-26 所示。

图 2-25 选取主体对象后的图像   图 2-26 粘贴图像后的效果

5）由于粘贴后的教师图像较大，执行"编辑"→"自由变换"命令（快捷键为〈Ctrl+T〉），使用移动工具调整其大小及位置。在变换区域内右击，执行"水平翻转"命令，按〈Enter〉键，效果如图 2-27 所示。

图 2-27 教师图像调整后的效果

6）使用横排文字工具在文档中输入"教师节"，设置字体为"微软雅黑"、大小为"120点"、颜色为深绿色（#07662f）。在横排文字工具的属性栏中单击"从文本创建 3D"按钮 **3D**，弹出提示对话框，单击"是"按钮即可进入 3D 工作区，调节参数、角度与大小后，3D 文字效果如图 2-28 所示。

图 2-28　插入 3D 文字

7）打开素材图像"康乃馨.jpg"，使用"裁剪工具"裁剪所需的图像内容，如图 2-29 所示。使用橡皮擦工具 ，将多余的红花擦除。选择背景的白色区域，执行"选择"→"反选"命令（快捷键〈Ctrl+Shift+I〉）以选中核心康乃馨图像，执行"编辑"→"拷贝"命令（快捷键〈Ctrl+C〉）将其复制，切换至"感恩教师节.psd"文档，执行"编辑"→"粘贴"命令（快捷键〈Ctrl+V〉）将其粘贴，调整其大小与位置，效果如图 2-30 所示。

图 2-29　裁剪"康乃馨"图像

图 2-30　插入"康乃馨"图像后的效果

8）新建一个图层，命名为"文字背景"。选择椭圆选框工具，在工具属性栏中，设置样式为"固定大小"、宽度为"75 像素"、高度为"75 像素"，如图 2-31 所示。

○ ∨　■ ▣ ▣ ▣　羽化：0 像素　☑ 消除锯齿　样式：固定大小 ∨　宽度：75 像素 ⇄ 高度：75 像素

图 2-31　设置椭圆选框工具属性栏

9）在"文字背景"图层中绘制两个圆形，设置前景色为深绿色（#07662f），执行"编辑"→"填充"命令（快捷键〈Shift+F5〉）弹出"填充"对话框，设置内容为"前景色"，如图 2-32 所示。使用横排文字工具在文档中分别输入"感"和"恩"，设置字体为"黑体"、大小为"48点"、颜色为白色（#ffffff）。调整位置，效果如图 2-33 所示。

10）继续使用横排文字工具在文档中分别输入"HAPPY TEACHER'S DAY"和"2022.09.10"。设置字体大小为"30 点"、颜色为深绿色（#07662f）。调整位置，效果如图 2-1 所示。

图 2-32 设置"填充"对话框

图 2-33 输入"感"和"恩"文字效果

11）如果不采用 3D 效果文字，也可以在素材文件夹中选择"教师节.png"图像，用其替换 3D 文字的效果如图 2-34 所示。

图 2-34 替换文字的效果

12）教师是人类进步的阶梯，也是我们人生路上的指路灯，如果在图像中插入一条大道，可以提升海报的设计感。选择画笔工具，右击选择"干介质画笔"中的"厚实炭笔"，大小设置为 60 像素；新建一个图层，将前景色设置为灰色（#b2b2b2）；直接绘制一条大道；插入素材文件夹中的"背包行走的学生.png"图像，调整其大小与位置。效果如图 2-35 所示。

图 2-35 最终效果

2.1.10 应用技巧

Photoshop 的操作有很多技巧，如果能熟练掌握这些技巧，在 Photoshop 的使用中，将会起到事半功倍的效果。

技巧 1：使用选择工具调整图像选区的大小时，可按住〈Shift〉键，进行不同比例的调整。

技巧 2：使用魔棒工具时，属性栏默认选择的是新选区，这时可以按住〈Shift〉键实现多个选区的选择，同样实现添加到选区的效果。

技巧 3：使用裁剪工具调整裁剪框，当裁剪框比较接近图像边界的时候，裁剪框会自动贴到图像的边上，无法精确地裁剪图像。这时，只要在调整裁剪框的时候按〈Ctrl〉键，裁切框就会方便控制，进行精确裁切。

技巧 4：如果图像比较复杂，无法使用魔棒工具精确选择某一部分图像时，可以使用放大镜工具将其放大，再使用魔棒工具选择。缩放工具的快捷键为〈Z〉，〈Ctrl+Space〉为放大快捷键，〈Alt+Space〉为缩小快捷键，但是要单击才可以缩放；按〈Ctrl++〉组合键及〈Ctrl+−〉组合键分别也可为放大和缩小图像；〈Ctrl+Alt++〉和〈Ctrl+Alt+−〉快捷键可以自动调整窗口以满屏缩放显示，使用此快捷键就可以在无论图片以多少百分比来显示的情况下都能全屏浏览。如果想要在使用缩放工具时按图片的大小自动调整窗口，可以在缩放工具的属性栏中单击"适合屏幕"或"填充屏幕"按钮。

2.2 案例 2：诚信公益广告的制作

公益广告是为公益行动、公益事业提供服务的，它是以推广道德观念、行为规范和思想意识为目的的广告传播活动。

诚实守信是人类自古传承下来的优良道德品质。诚信既是个人道德的基石，又是社会正常运行不可或缺的条件。诚信缺失的个人将失去他人的认可，诚信缺失的社会将失去人与人之间正常关系的支撑。中华民族更是把诚信作为人之所以成为人的基本特点之一，认为人无信不立。本案例以社会主义核心价值观公民层面的价值准则"诚信"为主题设计公益广告，整体设计效果如图 2-36 所示。

图 2-36　诚信公益广告效果

本案例以浅咖啡为主色调，借助中国的传统元素"青铜器"和"长城"来表现处事真诚、讲信誉。主要技能要点包括参考线、渐变工具、矩形工具、横排文字工具、直线工具、椭圆工具、橡皮擦工具等的使用。

2-10
使用画笔工具

2.2.1 使用画笔工具

1. 认识画笔

使用画笔工具 ✔ 可以绘制出比较柔和的线条。此工具在绘制工作中使用最为频繁。画笔工具的属性栏如图 2-37 所示。

| ✔ | 🖌 60 | 📋 | 模式：正常 | 不透明度：100% | ⚫ | 流量：90% | ✔ | 平滑：0% | ✔ | ⚙ | ⚫ | ❄ |

图 2-37　画笔工具属性栏

画笔：在下拉列表中可选择合适的画笔大小。

模式：设置用于绘图的前景色与作为画纸的背景色之间的混合效果。

不透明度：设置绘图颜色的不透明度。数值越大绘制的效果就越明显，数值越小绘制的效果就越模糊。

流量：设置拖动指针一次得到图像的清晰度。数值越小，越不清晰。

喷枪工具：单击图标按钮将画笔工具设置为喷枪工具，在该工具下得到的画笔边缘更加柔和，而且只要按住鼠标不放手，前景色就会在当前位置淤积，直到释放鼠标为止。

平滑：设置画笔画出来的线条的光滑程度。

绘画对称：可以设置水平、垂直、双轴、对角、螺旋形、平行线等多种对称方式。

设置好画笔后，可以直接绘制内容，右击可以选择画笔形状、画笔大小和硬度。

2. 认识"画笔"面板

Photoshop 软件中"画笔"面板的使用非常重要。"画笔"面板主要用于设置画笔的详细参数，除了调整画笔的直径和硬度外，还提供了非常详细的设定。

要修改画笔的样式和大小，可执行"窗口"→"画笔"命令，弹出"画笔"面板，如图 2-38 所示。也可以在绘制区域右击，弹出画笔设置面板，如图 2-39 所示。在这两个面板中都可以设置所需的画笔样式和画笔大小。

图 2-38　"画笔"面板

图 2-39　右击弹出的画笔设置面板

常用的画笔主要有：常规画笔、干介质画笔、湿介质画笔、特殊效果画笔、旧版画笔。

如果要进行更为精细的画笔设置，可执行"窗口"→"画笔设置"命令（快捷键〈F5〉），弹出"画笔设置"面板，如图 2-40 所示。

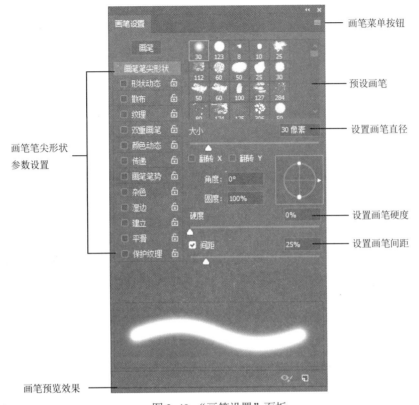

图 2-40　"画笔设置"面板

"画笔设置"面板中默认提供了画笔笔尖形状的详细设置，利用各选项可以改变画笔的大小、角度、圆度、硬度等属性。

大小：控制画笔大小，直接输入以像素为单位的值或拖动滑块来设置。还可以使用样本大小将画笔复位到它的原始直径，只有在画笔笔尖形状是通过采集图像中的像素样本创建的情况下才可用翻转 X 和翻转 Y 选项，改变画笔笔尖在其 X 轴、Y 轴上的方向。角度：指定椭圆画笔或样本画笔的长轴从水平方向旋转的角度。直接输入度数，或在预览框中拖动水平轴进行设置。

圆度：指定画笔短轴和长轴的比例，输入百分比值，或在预览框中拖动点进行设置。100%表示圆形画笔，0%表示线形画笔，两者之间的值表示椭圆形画笔。

硬度：控制画笔硬度中心的大小，直接输入数值，或拖动滑块进行设置。

间距：控制描边中两个画笔之间的距离，如果要更改间距可直接输入数值，或拖动滑块进行设置。当取消选中此选项时，指针的速度决定间距。

预设画笔：提供了形状动态、散布、纹理、双重画笔等功能，可以改变画笔的大小和整体形态，在此不一一赘述。

如果想画出一些秋天红叶的效果，在图 2-39 的"旧版画笔"中选择"散布枫叶"预设画笔（见图 2-41），在文档中拖动鼠标即可绘制，效果如图 2-42 所示。

图 2-41 选择"散布枫叶"预设画笔

图 2-42 绘制"散布枫叶"

2-11
使用渐变工具

2.2.2 使用渐变工具

渐变工具▇：用来填充渐变颜色。如果不创建选区，渐变工具将作用于整个图像。所谓渐变，就是在图像某一区域填入多种过渡颜色的混合色。

渐变工具的使用方法：按住鼠标左键拖动，形成一条直线，直线的长度和方向决定了渐变填充的区域和方向。拖动鼠标的同时按住〈Shift〉键可保证鼠标的方向是水平、竖直或 45°的倍数，拖动距离越长，其渐变越柔和。

选中工具箱中的渐变工具，在菜单栏下方会出现渐变工具的属性栏，如图 2-43 所示。

图 2-43 渐变工具属性栏

渐变工具的属性栏中主要包括渐变效果、渐变类型、模式、不透明度、反向等选项。

1．编辑渐变效果

单击渐变效果图标▇▇▇，会弹出"渐变编辑器"对话框，如图 2-44 所示。

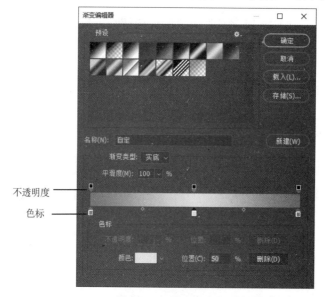

图 2-44 "渐变编辑器"对话框

任意单击一个预设渐变图标，在"名称"后面就会显示其对应的名称，在对话框的下部分有渐变效果预视条显示渐变的效果，并可进行渐变的调节。在已有的渐变样式中选择一种渐变作为编辑的基础，在渐变效果预视条中调节任何一个参数后，"名称"后面的名称自动变成"自定"，用户可以自行输入名字保存。

在渐变效果预视条下端有颜色标记点▣，其上半部分的小三角是灰色的，表示没有选中，单击颜色标记点，上半部分的小三角变黑，表示已将其选中。在渐变效果预视条下端边缘单击，可增加颜色标记点。在下面的"色标"选项区域中（见图 2-45），"颜色"后面的色块会显示当前选中标记点的颜色，单击此色块，可在弹出的"拾色器"对话框中修改颜色。

渐变效果预视条上端有不透明度标记点▣，其下半部分的小三角是白色，表示没有选中，单击不透明度标记点，下半部分的小三角变黑，表示已将其选中。在渐变效果预视条上端边缘单击可增加不透明度标记点，用于标记渐变过程中该位置的透明度设置。在下面的"色标"选项区域中（见图 2-46），"不透明度"会显示当前选中标记点的不透明度，"位置"显示选中标记点的位置，单击后面的"删除"按钮可将此不透明度标记点删除。

图 2-45　颜色标记点的设置

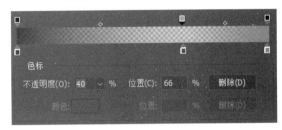
图 2-46　不透明度标记点的设置

2．选择渐变效果

单击渐变效果图标▦▦▦后面的下三角按钮，会出现弹出式的渐变调板，如图 2-47 所示，里面已保存多种默认的渐变效果，可以选择任意一种渐变效果使用。

图 2-47　渐变调板

3．选择渐变类型

渐变类型共有五种：线性渐变▣、径向渐变▣、角度渐变▣、对称渐变▣和菱形渐变▣。单击各图标按钮可选择不同的渐变类型。

- 线性渐变：可以创建直线渐变效果。
- 径向渐变：可以创建从圆心向外扩展的渐变效果。
- 角度渐变：可以创建颜色围绕起点，并沿着周长改变的渐变效果。
- 对称渐变：可以创建从中心向两侧的渐变效果。

● 菱形渐变：可以创建菱形渐变效果。

4．其他选项

单击"模式"下拉按钮，在弹出的下拉列表中可选择渐变色和底图的混合模式；"不透明度"用于改变整个渐变过程的透明度；选中"反向"复选框，渐变则沿着相反的方向进行；选中"仿色"复选框，则使用递色法来填充中间色调，从而使渐变效果更平缓。"透明区域"选项对渐变填充使用透明蒙版。

2.2.3 使用模糊工具组

模糊工具组包括模糊工具 、锐化工具 和涂抹工具 ，分别会将画面局部变成模糊效果、锐利清晰效果及画面涂抹效果。

1．模糊工具

模糊工具 ：使色彩值相近的颜色融为一体，使画面看起来平滑柔和，将较硬的边缘软化。模糊工具的属性栏如图 2-48 所示。

图 2-48　模糊工具属性栏

模糊工具的属性栏包括画笔预设、模式、强度、对所有图层取样等选项。

画笔预设：可设置模糊工具的形状和大小等。

模式：可设定工具和底图不同的作用模式。

强度：通过调节强度的大小，使工具产生不同的效果，强度越大效果就越明显。

对所有图层取样：使用模糊工具时，不会受不同图层的影响，不管当前是哪个活动层，模糊工具和锐化工具都对所有图层上的像素起作用。

运用模糊工具后的图像效果如图 2-49 所示。

a)　　　　　　　　　　　　　　　　　b)

图 2-49　模糊工具的使用

a) 原始图像　b) 模糊效果

2．锐化工具

锐化工具 ：可增加相邻像素的对比度，将较软的边缘明显化，使图像聚焦。模糊工具与锐化工具的属性栏相类似。锐化工具并不适合过度使用，因为将会导致图像严重失真，如图 2-50 所示。

a)　　　　　　　　　　　　　　　　b)

图 2-50　锐化工具的使用

a) 原始图像　b) 多次使用锐化工具后的效果

3. 涂抹工具

涂抹工具 ：模拟用手指涂抹油墨的效果，以涂抹工具在颜色的交界处作用，会有一种相邻颜色互相挤入而产生的模糊感。涂抹工具不能在"位图"和"索引颜色"模式的图像上使用。如图 2-51 所示，使用涂抹工具后，使书法作品的动感更强，富有虚实的对比。

a)　　　　　　　　　　　　　　　　b)

图 2-51　涂抹工具的使用

a) 原始图像　b) 多次使用涂抹工具后的效果

2.2.4　使用减淡工具组

2-13
使用减淡
工具组

减淡工具组包括减淡工具 、加深工具 和海绵工具 ，分别将画面局部变亮、变暗及调整色彩饱和度。

1. 减淡工具

减淡工具 ：主要是改变图像部分区域的曝光度，使图像变亮，如图 2-52 所示。

2. 加深工具

加深工具 ：主要是改变图像部分区域的曝光度，使图像变暗，如图 2-53 所示。

a)　　　　　　　　　　　　　　　　b)

图 2-52　减淡工具的使用

a) 原始图像　b) 多次使用减淡工具后的效果

a)　　　　　　　　　　　　　　　　b)

图 2-53　加深工具的使用

a) 原始图像　b) 多次使用加深工具后的效果

3. 海绵工具

海绵工具 ：可以精确地改变图像局部的色彩饱和度。海绵工具的属性栏如图 2-54 所示。

图 2-54　海绵工具属性栏

模式：可以减少或增加图像的饱和度。如果将模式设置为"去色"时，可以减少图像的饱和度，甚至使图像变成灰色；如果将模式设置为"加色"时，可以增加颜色的饱和度。海绵工具在"加色"模式下的使用效果如图 2-55 所示。

 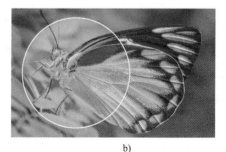

a)　　　　　　　　　　　　　　　　b)

图 2-55　海绵工具的使用

a) 原始图像　b) 使用加色后的效果

2.2.5　使用缩放工具

2-14
使用缩放
工具

选中工具箱中的缩放工具🔍，在当前图像文件中单击，即可增加图像的显示倍率；按〈Alt〉键，利用缩放工具，在当前图像文件中单击，图像的显示倍率被缩小。

在缩放工具属性栏上选中"细微缩放"复选框，此时使用"缩放工具"在画布中向右拖动即可放大显示比例，而向左拖动即可缩小比例，这是一项非常方便的功能。

执行"视图"→"放大"命令（快捷键〈Ctrl++〉），可以增大当前图像的显示倍率。

执行"视图"→"缩小"命令（快捷键〈Ctrl+-〉），可以减小当前图像的显示倍率。

执行"视图"→"按屏幕大小缩放"命令，可满屏显示当前图像。

2.2.6　使用抓手工具

2-15
使用抓手工具

如果放大后的图像大于画布大小，或者当图像的显示状态大于当前的显示屏幕，可以使用"抓手工具"✋在画布中进行拖动，以观察图像的各个部位。

在其他工具为当前的操作工具时，按〈Space〉键，可以暂时切换为"抓手工具"。

2-16
使用旋转视图
工具

2.2.7　使用旋转视图工具

旋转视图工具🖐的功效是将素材图片开展视角转换。旋转视图工具的快捷键为〈R〉，应用该快捷键时，必须把输入法切换为英文状态。旋转视图工具的使用效果如图 2-56 所示。

a)

b)

图 2-56　旋转视图工具的使用

a) 原始图像　b) 旋转视图

2.2.8　案例实现过程

2-17
诚信公益广告
的制作

本案例操作步骤如下。

1）打开 Photoshop，执行"文件"→"新建"命令（或者按快捷键〈Ctrl+N〉），创建一个宽为 800 像素、高为 600 像素、分辨率为 150 像素/英寸的文档。

2）选中渐变工具，设置其渐变颜色为白色（#ffffff）到浅黄色（#fff0c8），并选择渐变方式为径向渐变，对背景图层进行径向填充，效果如图 2-57 所示。

3）执行"文件"→"打开"命令，打开"长城"素材图片，使用移动工具将"长城"拖动到画布中，然后将其放大并放置到画布中合适的位置，如图 2-58 所示。

图 2-57　背景图层填充效果图

图 2-58　将长城素材拖入画布中

4）为了使长城图片和背景图片更好地融合，选中工具箱中的橡皮擦工具，选择"画笔"模式，右击，在画笔设置面板中选择"柔边圆"预设画笔，"大小"为 160 像素，如图 2-59 所示，将长城图片中不需要的部分擦除；同时，使用海绵工具修改图像的色彩饱和度。效果如图 2-60 所示。

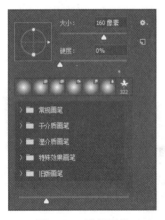

图 2-59　设置画笔

图 2-60　擦除长城边缘的效果

5）将"书法.psd"素材图片置入到画布中，移动至画布中合适的位置，并调整大小，如图 2-61 所示。再次使用橡皮擦工具，选择"画笔"模式，右击，在画笔设置面板中选择"柔边圆"预设画笔，设置"大小"为 500 像素、不透明度为 50%，擦除部分书法后的效果如图 2-62 所示。

6）执行菜单栏中的"文件"→"打开"命令，在弹出的对话框中找到"房檐"和"青铜器"素材图片。使用移动工具将房檐、青铜器图片拖到画布中，然后将其缩小并放置到画布中合适的位置，效果如图 2-63 所示。

图 2-61　添加书法文字

图 2-62　擦除后的透明效果

7）在 Photoshop 中打开"红丝带"素材。由于红丝带整体效果比较暗，选中工具箱中的减淡工具，设置画笔大小为 180 像素、曝光度为 50%，涂抹红丝带，将其调亮，效果如图 2-64 所示。

图 2-63　添加房檐与青铜器的效果

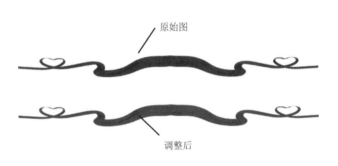

图 2-64　调整红丝带后的效果

8）在"红丝带"上单击魔棒工具，将属性栏中的"容差"值设置为 20，单击白色背景区域，然后执行"选择"→"反选"命令（快捷键〈Ctrl+Shift+I〉）选中红丝带。使用移动工具将红丝带拖动到画布中，然后将其缩小并放置到画布中合适的位置，如图 2-65 所示。

9）按住〈Ctrl〉键的同时单击青铜器图层，将青铜器载入选区。切换到红丝带图层，删除多余的红丝带，选择工具箱中的橡皮擦工具，选择"硬边圆"预设画笔，删除部分红丝带。效果如图 2-66 所示。

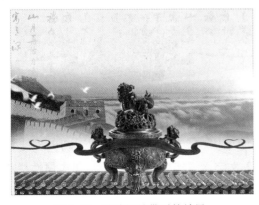

图 2-65　移动红丝带后的效果

图 2-66　调整后的红丝带

10）打开"龙纹"素材，使用移动工具 ⊕ 将龙纹素材拖到画布中，然后将其缩小并放置到合适的位置，再将其不透明度设置为20%，效果如图2-67所示。

11）新建一个图层，使用矩形选框工具在画布顶部创建矩形，设置前景色为褐色（#693b20），按快捷键〈Alt+Delete〉填充前景色。采用同样的方法在褐色矩形两侧添加两条矩形线条，效果如图2-68所示。

图2-67 添加龙纹效果

图2-68 添加褐色矩形

12）新建一个图层，选中画笔工具，右击，调出画笔设置面板，单击右侧快捷设置图标 ⚙，选择"旧版画笔"中"混合画笔"下的"交叉排线1"预设画笔，如图2-69所示。

13）新建一个图层，选中画笔工具，右击，调出画笔设置面板，选择"交叉排线4"预设画笔，且设置大小为98像素，然后在图像"青铜器"上方绘制，即可出现"星光"的效果，如图2-70所示。

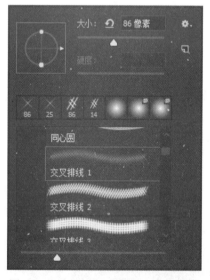

图2-69 选择"交叉排线1"预设画笔

图2-70 添加星光效果

14）选中竖排文字工具，将字体设置为"华文中宋"、大小为"10点"、颜色为浅黄色（fde8b1），其他按默认设置。在褐色矩形上面，输入文字"诚实守信"，完成后单击属性栏右上角的对号按钮 ✓ 确认文字的输入，效果如图2-71所示。

15）再将字体设置为"华文隶书"、大小为"100点"、颜色为红色（#e50012），输入文字

"诚"，效果如图 2-72 所示。

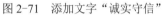

图 2-71　添加文字"诚实守信"　　　　　　　图 2-72　添加文字"诚"

16）使用横排文字工具输入文字"公民道德的基石"和"人无信不立，诚信立起，德行天下。"最终效果如图 2-36 所示。

2.2.9　应用技巧

技巧 1：魔棒工具中〈Shift〉和〈Alt〉键的使用方法是，"添加到选区"按快捷键〈Shift〉，"从选区中减去"按快捷键〈Alt〉，"与选区交叉"按快捷键〈Shift+Alt〉。

技巧 2：移动图层和选区时，按住〈Shift〉键可做水平、垂直或 45°角的移动；按键盘上的方向键可做每次 1 个像素的移动；按住〈Shift〉键后再按键盘上的方向键可做每次 10 个像素的移动。

技巧 3：要快速改变在对话框中显示的数值，首先单击那个数字，让指针处在对话框中，然后就可以用上下方向键来改变该数值了。如果在用方向键改变数值前先按下〈Shift〉键，那么数值的改变速度会加快。

技巧 4：在使用自由变换工具（快捷键〈Ctrl+T〉）时按住〈Alt〉键，即按组合键〈Ctrl+Alt+T〉即可先复制原图层（在当前的选区）后，在复制层上进行变换；按组合键〈Ctrl+Shift+T〉再次执行上次的变换；按组合键〈Ctrl+Alt+Shift+T〉则复制原图后再执行变换。

技巧 5：在新建的 Photoshop 文件中有时图像为黑白色，不能显示彩色，原因可能是新建文件时，在"新建"对话框中选择了"颜色模式"为"灰度"。这时，执行"图像"→"模式"命令下的 RGB 模式或者其他色彩模式，即可显示彩色。

2.3　项目实践

根据所提供的素材合成图像，利用选区工具、橡皮擦工具、魔术棒工具将两幅图像（见图 2-73）合成为一幅图像（见图 2-74）。

a)   b)

图 2-73　素材图片

a) 美化素材　b) 人物素材

图 2-74　花样年华效果

模块 3　选区调整与编辑

3.1　案例1：乡村振兴之沙田柚网店促销广告设计

网店 banner（页旗）是一种常见的网络推广方式，一般会占据访问页面的一半区域，能吸引客户第一时间注意到大图所宣传的内容。本例以乡村振兴大潮中"中国沙田柚之乡"容县的沙田甜蜜柚为载体设计网店的 banner，充分展示出沙田柚外皮细薄、果肉脆嫩、清香甜蜜、口感醇厚等特点。整个广告设计效果如图 3-1 所示。

图 3-1　沙田柚网店广告设计效果

3.1.1　使用油漆桶工具

油漆桶工具 ：是渐变工具组下的一个工具。油漆桶工具可根据像素颜色的近似程度来填充颜色，填充的颜色为前景色或连续图案（油漆桶工具不能作用于位图模式的图像）。选中工具箱中的油漆桶工具，出现油漆桶工具的属性栏，如图 3-2 所示。

| 前景 | 模式: 正常 | 不透明度: 100% | 容差: 32 | ☑ 消除锯齿 | ☑ 连续的 | □ 所有图层 |

图 3-2　油漆桶工具属性栏

油漆桶工具的属性栏主要包括填充、模式、不透明度、容差等选项。

填充：它有两个选项，即前景和图案。前景是指用前景色作为填充色在各区域内进行填充；图案是指可以用指定的图像进行填充。

模式：在该选项中，选择不同的模式，它将根据容差值，选择颜色相近的区域进行填充。这里比较典型的是正片叠底、滤色和亮光等模式。正片叠底是将填充区域的颜色值和当前的填充色或图案的颜色值相乘再除 255，也就是两颜色相比较，颜色深的作为最终色。滤色模式是将两颜色的值各减 255 得到的补色相乘后再除 255，得到的颜色一般比较亮。柔光模式可以根据上面图层图像的明暗度来加深或加亮图片色彩，以 50%灰色为基准，上面图层像素比 50%灰色淡的，加亮图片色彩；比 50%灰色深的，则会加深图片色彩；与 50%灰色一样的，则不起作用（见图 3-3）。

a)   b)

图 3-3　油漆桶填充效果

a) 原始图像　b) 填充后的效果

不透明度：在数值框中输入数值可以设置填充的不透明度。

容差：用来控制油漆桶工具每次填充的范围，可以输入 0～255 的数值，数值越大，允许填充的范围也越大。

消除锯齿：选中该复选框，可使填充的边缘保持平滑。

连续的：选中该复选框，填充的区域是和单击点相似并连续的部分；如果不选中此复选框，填充的区域是所有和单击点相似的像素，不管是否和单击点连续。

所有图层：选中该复选框，可以在所有可见图层内按以上设置填充颜色或图案。

3.1.2　使用填充与描边

3-2
使用填充与描边

1. 填充

填充包括颜色的填充与图案的填充。填充颜色时经常使用快捷键来完成，填充前景色的快捷键为〈Alt+Delete〉，填充背景色的快捷键为〈Ctrl+Delete〉。

如果要进行复杂的图案填充，则需要执行"编辑"→"填充"命令（快捷键为〈Shift+F5〉），调出"填充"对话框，如图 3-4a 所示。在"内容"下拉列表框中可以选择不同的填充内容，如前景色、背景色、颜色、内容识别、图案、历史记录、黑色、50%灰色和白色等。如果要填充图案，选择"图案"选项，如图 3-4b 所示，然后选择所需的图案即可完成图案填充。

此外，还可以根据所需，在混合选项区域中选择适合的模式与不透明度。其中，在"模式"下拉列表框中可以选择所填充的颜色或图像与下层图像之间的混合方法。

这里再说明一下"内容识别"填充方式，这种填充方式类似于智能修补工具，可以根据所选区域周围的像素进行修补，如图 3-5 所示。

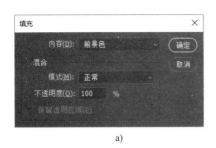

a) 　　　　　　　　　　　　　　　　　　　　　b)

图 3-4　填充方式

a)"填充"对话框　b) 图案填充

a) 　　　　　　　　　　　　　　　　　　　　　b)

图 3-5　"内容识别"填充

a) 海鸟素材效果　b) 自动识别后的填充效果

2. 描边

在选区状态下,执行"编辑"→"描边"命令,可调出"描边"对话框,如图 3-6 所示。

图 3-6　"描边"对话框

宽度:表示描边的宽度,数值越大线条越宽。

颜色:单击色块,可以弹出"拾色器"对话框,选择合适的颜色。

位置：设置描边的线条在选区的内部、居中或居外。

模式：在下拉列表框中可以选择所填充的图像与下层图像之间的混合方法。

不透明度：描边边框的透明程度。

保留透明区域：如果当前描边区域范围内存在透明区域，则选中该复选框后，将不对透明区域进行描边。

使用 Photoshop 软件打开素材文件"核桃"，使用多边形套索工具选择核桃轮廓，如图 3-7a 所示，执行"编辑"→"描边"命令，调出"描边"对话框，设置宽度为"4 像素"、颜色为深红色（#6e3331）、位置为"居外"，单击"确定"按钮，效果如图 3-7b 所示。

a)   b)

图 3-7　图像描边

a) 绘制选区状态　b) 描边后的效果

3.1.3　使用修复图像工具

3-3
使用修复图像工具

1. 修复画笔工具

修复画笔工具：主要对具有污点、划痕、皱纹等的图像进行修复。该工具能够根据要修改点周围的像素及色彩将其完美修复，不留痕迹。修复画笔工具与仿制图章工具的操作方法基本相同，都需要按〈Alt〉键取样，然后对位、绘制、松开鼠标。修复画笔工具的属性栏如图 3-8 所示。

图 3-8　修复画笔工具属性栏

修复时，"取样"表示用取样区域的图像修复需要改变的区域，"图案"表示用图案修复需要改变的区域。

修复画笔工具的使用方法：把指针移到想要复制的图像上，如图 3-9a 所示，按住〈Alt〉键并单击，然后释放〈Alt〉键，并将指针再移至目标区域，按住鼠标左键并拖动，即可修改此区域，如图 3-9b 所示。

修复画笔工具在修复过程中有一个运算的过程，在涂抹过程中它会将取样处的图像与目标位置的背景相融合，自动适应周围环境。而仿制图章工具是无损仿制，取样的图像是什么样，仿制到目标位置时还是什么样。这两个工具使用时都要细心、耐心，操作过程中的关键：要选好取样点，在涂抹过程中要边观察边涂抹，注意纹理走向、明暗过渡等，根据不同环境选取相适应的取样点。在修复某个图像时究竟用哪个工具好，要看具体情况而定，总之，修复画笔工具涂抹后会融到背景中，而仿制工具涂抹后效果比较清晰，不会和背景融合。

a)　　　　　　　　　　　　　　　　b)

图 3-9　修复画笔工具的使用

a) 原始图像上取样　b) 修复图像

技巧：修复之前先建一个新图层，选中"所有图层"复选框，在新图层上对图像进行修复，这样可以保护图像，便于以后的编辑和修改。

2．污点修复画笔工具

污点修复画笔工具 ：主要用于去除图像中的杂色或者斑点。功能与修复画笔工具相似，使用方法比修复画笔工具更为简单。使用此工具时不需要取样，在图像中有需要的位置单击即可除掉此处的杂色或者污斑。污点修复画笔工具的工具属性栏如图 3-10 所示。污点修复画笔工具有内容识别、创建纹理、近似匹配三种类型。

图 3-10　污点修复画笔工具属性栏

污点修复画笔工具针对小面积或小范围的污点修复，比如斑点就可以用该工具进行完美的修复。以图 3-9a 为例，消除人物脸上的斑点，选中污点修复画笔工具，右击，调节画笔大小，单击人物脸上的斑点即可将其清除。

3．修补工具

修补工具 ：也主要用于恢复图像中不满意的区域。它与修复画笔工具相似，不同之处在于，修复画笔工具着眼于具体点的处理，而修补工具则着眼于面的处理，能够修补较大面积的区域。污点修复画笔工具的工具属性栏如图 3-11 所示。

图 3-11　修补工具属性栏

源：默认选中"源"，表示拖动选区并释放鼠标后，选择区内的图像将被选区释放时所在的区域代替。

目标：选中"目标"单选按钮后，表示拖动选区并释放鼠标后，选择区内的图像将被原选区所在的区域代替。

透明：选中"透明"复选框后，被修饰的区域内的图像将呈现为半透明效果。

修补工具的使用方法：在图 3-12a 中，选中"云朵"，使用污点修复画笔工具，右击，调节画笔大小，拖动云朵到目标区域，即可使用目标区域的蓝天将云朵修复，效果如图 3-12b 所示。

a)   b)

图 3-12　修复画笔工具的使用

a) 在原始图像上取样　b) 修复后的图像

4．内容感知移动工具

内容感知移动工具 ✖️：可以在不需要精确选择选区的情况下，将图像中某个区域的像素移动或复制到另一个区域，使整个画面重构，让重构后的画面在视觉上几乎没有违和感。内容感知移动工具的属性栏如图 3-13 所示。

![内容感知移动工具属性栏]

图 3-13　内容感知移动工具属性栏

内容感知移动工具的模式包含"移动"或"扩展"两种："移动"是将选择后的像素区域移动到另一个位置；"扩展"是将选择后的像素区域复制一份到另一个位置。

在模式为"移动"的情况下，以图 3-14a 所示的"露珠"为例，在目标区域绘制"露珠"选区，然后将指针放置在选区上，按住鼠标左键拖动，此时会将选中的区域移动到另一边，并和周围的图像融为一体，如图 3-14b 所示；如果模式为"扩展"，在目标区域绘制选区，然后将指针放置在选区上，按住鼠标左键拖动，此时会将选中的区域复制一份到另一边，如图 3-14c 所示。

a)   b)   c)

图 3-14　内容感知移动工具的使用

a) 露珠的原始位置　b) 移动模式　c) 扩展模式

3.1.4　选区修改

要修改选区，除了可以通过使用选区工具属性栏中的添加到选区、从选区减去、与选区交叉等功能按钮外，Photoshop 还提供了反选选区、扩大选区、选取相似选区、变换选区、修改选区等功能。

3-4
选区修改

1．反选选区

制作图片的过程中经常要使用选框工具选取图片，有时要选取的区域不太好选，而不需要的区域比较好选取，这时就可以使用反选功能。例如，在图 3-15a 中，使用"魔棒工具"选择图像周围的白色，那么相反的区域就是鞋子的图像部分，执行"选择"→"反向"命令（快捷键〈Ctrl+Shift+ I〉）即可得到鞋子的图像选区。

a)　　　　　　　　　　　　　　　　　　　b)

图 3-15　反选选区

a) 用"魔棒工具"选择白色选区　b) 使用"反向"命令获得鞋子图像选区

2．扩大选区

"选择"菜单下有一个"扩大选取"命令，它的主要功能是以包含所有位于"魔棒工具"属性栏中指定的容差范围内的相邻像素建立选区。

其操作方式为：先在图像中确定一个小块选区，如图 3-16a 所示，根据需要设置魔棒工具的容差范围，然后执行"选择"→"扩大选取"命令，即可创建相应的选区，如图 3-16b 所示。

a)　　　　　　　　　　　　　　　　　　　b)

图 3-16　扩大选区

a) 选择部分选区　b) 扩大选区的效果

3．选取相似选区

"选取相似"命令亦是扩大选区的一种方法，它针对的是图像中所有颜色相近的像素。使用时也是以"魔棒工具"属性栏中指定的容差范围内的相邻像素建立选区，所不同的是，"扩大选取"命令创建的是与原先选区相邻的选区，而"选取相似"命令则可以创建不连续的选区。

4. 变换选区

变换选区指对已建立的选区可以进行任意的变形，方法是执行"选择"→"变换选区"命令。当使用该命令时，在选区的四周会出现带小矩形框的边框，拖动小矩形框可以任意调整选区的形状，如图 3-17a 所示。

在此时，单击属性栏右上角的"在自由变换和变形模式下切换"按钮，对选区自由变形。使用鼠标拖动变形框内的任一点都可以调整选区的形状，拖动曲线切线方向的蓝色实心点可以调整选区的弧度，如图 3-17b 所示。变换选区功能与执行"编辑"→"变换"→"自由变换"命令相似，变换选区功能调整的是选区的形状，而自由变换命令调整的既可以是选区也可以是图层。

a)   b)

图 3-17 变换选区

a) 自由变换   b) 变形模式

5. 修改选区

当选区建立后通过"修改"命令可以对选区做一些调整。"修改"命令仍然在"选择"菜单下，它的子命令包括边界、收缩、扩展、平滑和羽化。

边界：可以选择在现有选区边界的内部和外部的像素的宽度。新选区将为原始选定区域创建框架，此框架位于原始选区边界的中间。以图 3-18 所示的选区为例，执行"选择"→"修改"→"边界"命令，在弹出的"边界选区"对话框中设置宽度为 8 像素，则会创建一个新的柔和边缘选区，如图 3-19 所示。

图 3-18 原始选区   图 3-19 选区的"边界"设置

扩展：按特定数量的像素扩展选区。以图 3-18 所示的选区为例，执行"选择"→"修改"→"扩展"命令，在弹出的"扩展选区"对话框中设置扩展量为 15 像素，效果如图 3-20 所示。

收缩：按特定数量的像素收缩选区。以图 3-18 所示的选区为例，执行"选择"→"修改"→"收缩"命令，在弹出的"收缩选区"对话框中设置收缩量为 15 像素，效果如图 3-21 所示。

在对图像的边缘处理时，经常使用选区的"扩展"与"收缩"操作。

图 3-20 选区的"扩展"设置 　　　　　　　　 图 3-21 选区的"收缩"设置

平滑：主要用来清除基于颜色选区中的杂散像素，整体效果是减少选区中的斑迹，以及平滑尖角和锯齿线。

羽化：为现有选区定义羽化边缘，如果选区小而羽化半径大，则小选区可能变得非常模糊。

3-5
使用色彩范围

3.1.5 使用色彩范围

"色彩范围"命令的作用是选择现有选区或整个图像内指定的颜色或色彩范围，或者说是按照指定的颜色或颜色范围来创建选区，主要用来创建不规则选区。它像一个功能强大的魔棒工具，除了以颜色差别来确定选取范围外，它还综合了选区的相加、相减、相似命令，以及根据基准色选择等多项功能。

打开图像文件"雏菊.jpg"，执行"选择"→"色彩范围"命令，弹出"色彩范围"对话框，如图 3-22 所示。

选择：选择颜色或色调范围，但是不能调整选区。默认为"取样颜色"，即自行选取颜色。如果要在图像中选取多个颜色范围，则选中"本地化颜色簇"复选框，以构建更加精确的选区。

颜色容差：拖动滑块或输入一个数值来调整选定颜色的范围。"颜色容差"可以控制选择范围内色彩范围的广度，并增加或减少部分选定像素的数量。设置较低的"颜色容差"值可以限制色彩范围，设置较高的"颜色容差"值可以增大色彩范围。

范围：如果已选中"本地化颜色簇"复选框，则可使用"范围"滑块控制要包含在蒙版中的颜色与取样点的最大和最小距离。例如，图像在前景和背景中都包含一束紫色的花，但若只想选择前景中的花，则对前景中的花进行颜色取样，并缩小"范围"，以避免选中背景中有相似颜色的花。

选择范围预视区：对话框的中心黑色位置为图像预视区。当指针离开该区域时，指针变成了吸管形状，单击画布中图像的某一种颜色，表示可以吸取该颜色，即选择了颜色的范围。

当选中下面的"选择范围"单选按钮时，在默认情况下，白色区域是选定的像素，黑色区域是未选定的像素，而灰色区域则是部分选定的像素。选择范围预视图如图 3-23 所示。

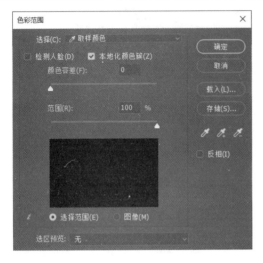

图 3-22 "色彩范围"对话框

图 3-23 选择范围预视图

"图像"单选按钮表示预览整个图像，如图 3-24 所示。单击"确定"按钮后即可看到图像中沿着紫色花朵的选区被建立，如图 3-25 所示。

图 3-24 "图像"预视图

图 3-25 使用色彩范围建立选区

吸管工具组：在对话框的右侧有三个吸管工具 ，第一个为吸管工具，主要用来吸取一次颜色；第二个为"添加到取样"工具，作用是保留原先的取样颜色，继续增加新的取样颜色（见图 3-26），好比是增加选区功能，如图 3-27 所示；第三个为从取样中减去工具，将新吸取的颜色选区从原先选区中减掉。

图 3-26　"添加到取样"工具使用　　　　图 3-27　"添加到取样"工具新选区

3.1.6　案例实现过程

3-6
乡村振兴之沙田柚网店促销广告 banner 设计

本案例完成乡村振兴之沙田柚网店促销广告 banner 设计的制作，具体操作步骤如下。

1）打开 Photoshop 软件，执行"文件"→"新建"命令（或者按快捷键〈Ctrl+N〉），创建一个宽为 1920 像素、高为 900 像素、分辨率为 72 像素/英寸的文档。执行"文件"→"存储为"命令，保存为"沙田柚网店促销广告.psd"。

2）选择工具箱中的渐变工具 ，设置其渐变颜色为浅蓝色（#1d76e4）到白色（#ffffff）的线性渐变，从画布的上方向下方拖动鼠标填充渐变，如图 3-28 所示。

3）选择"图层"面板，单击"图层"面板下方工具条中的"创建新图层"按钮 ，创建一个新的图层"图层 1"，双击"图层 1"并重命名为"彩虹"，如图 3-29 所示。

图 3-28　填充渐变　　　　　　　　图 3-29　新建并重命名图层

4）选择工具箱中的椭圆选框工具 ，在画布中绘制一个正圆选区，如图 3-30 所示。单击图层"彩虹"，使之处于选中状态，执行菜单栏中的"编辑"→"描边"命令，打开"描边"对话框，设置"宽度"为 20 像素，"颜色"为深红色（#a40000），选中"内部"单选按钮，如图 3-31 所示。

5）描边的各项参数设置完成后，单击"确定"按钮。选区的描边效果如图 3-32 所示。

6）执行菜单栏中的"选择"→"修改"→"收缩"命令，打开"收缩选区"对话框，设置"收缩量"为 20 像素，如图 3-33 所示。

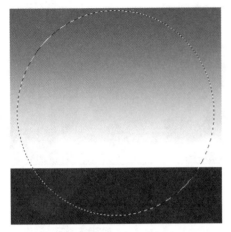

图 3-30　绘制正圆选区

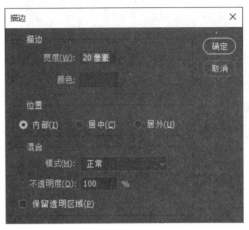

图 3-31　图 3-31　描边参数设置

图 3-32　描边后的效果

图 3-33　收缩选区设置

7）继续为新的选区设置 20 像素的橘黄色（# f49800）描边，效果如图 3-34 所示。

8）用同样的方法先做"收缩"选区，然后分别将其描边，填充为浅黄色（#e6eaad）、浅绿色（# 93d95d）、绿色（# 55906e）。继续收缩并描边，按快捷键〈Ctrl+D〉取消选区后的效果如图 3-35 所示。

图 3-34　橘黄色描边效果

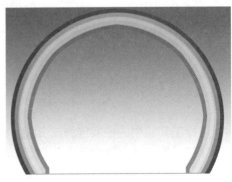

图 3-35　取消选区后的效果

9）打开的素材图像文件"蓝天白云.tif"，执行"选择"→"色彩范围"命令，弹出"色彩范围"对话框，如图 3-36 所示。单击"确定"按钮，选择图像中的白云，将其复制粘贴到文档中，调节大小与位置，效果如图 3-37 所示。

图 3-36　使用"色彩范围"对话框选择白云　　　　图 3-37　插入白云后的效果

10）再打开素材图像文件"青山.jpg"，如图 3-38 所示，将其全选复制粘贴到文档中。使用橡皮擦工具，右击，调整画笔为"常规画笔"中的"柔边缘"，并设置大小为 400 像素，将"青山"背景中不需要的部分擦除，效果如图 3-39 所示。

图 3-38　"青山"素材图像　　　　　　　　图 3-39　插入"青山"后的效果

11）采用同样的方法插入"茶山.jpg"素材图片，调整大小与位置，使用橡皮擦工具擦除不必要的内容，效果如图 3-40 所示。再采用同样的方法插入"柚苗.tif"素材图片，调整大小与位置，使用橡皮擦工具擦除不必要的内容，效果如图 3-41 所示。

图 3-40　插入"茶山"后的效果　　　　　　图 3-41　插入"柚苗"后的效果

12）打开素材图像文件"木板展示台.tif"（见图 3-42），使用矩形选框工具选择"木板"区域，将其复制到文档中，调整大小与位置，效果如图 3-43 所示。

图 3-42　"木板展示台"素材图像　　　　　　　图 3-43　插入"木板展示台"后的效果

13）打开素材图像文件"柚子.tif"（见图 3-44），使用魔棒工具选择"绿色"背景区域，执行"选择"→"反选"命令，选中柚子，执行"编辑"→"拷贝"命令将其复制，切换到文档中，执行"编辑"→"粘贴"命令完成柚子的复制，调整大小与位置，效果如图 3-45 所示。

图 3-44　"柚子"素材图像　　　　　　　图 3-45　插入"柚子"后的效果

14）选中竖排文字工具，将字体设置为"华文隶书"、大小为 160 点、颜色为黑色，其他保持默认设置。在画布中图形偏上面的位置，输入文字"甜蜜柚"。继续使用竖排文字工具将字体设置为"黑体"、大小为 30 点、颜色为黑色，输入文字"外皮细薄 果肉脆嫩 清香甜蜜 口感醇厚"，调整其位置，效果如图 3-46 所示。

15）新建一个图层，命名为"红色印章"，前景色设置为红色，选中画笔工具，右击，设置画笔为"干介质画笔"中的厚实炭笔画笔，然后绘制出印章图样选中竖排文字工具将字体设置为"黑体"、大小为 60 点、颜色为黑色，输入文字"容县"。调整其位置，效果如图 3-47 所示。

图 3-46　插入文字后的效果　　　　　　　图 3-47　插入印章后的效果

16）打开素材图像文件"木板展示台.tif"（见图 3-42），使用套索工具选择树叶，并将其复制粘贴到文档中；用同样的方法，打开素材图像文件"鸟.tif"，使用套索工具选择小鸟，将其复制粘贴到文档中。调整大小与位置后，效果如图 3-1 所示。

3.1.7　应用技巧

Photoshop 有很多操作技巧，如果能熟练掌握这些技巧，在 Photoshop 的使用中，将会起到事半功倍的效果。

技巧 1：复制技巧。复制时，可以单击选中要复制的图层，将其拖动到"图层"面板下方的"创建新图层"按钮上，即可快速完成复制图层。或者按住快捷键〈Ctrl+Alt〉拖动鼠标也可以复制当前图层或选区内容。

技巧 2：如果选区被取消后想再次选择，可以使用"重新选择"命令（快捷键为〈Ctrl+Shift+D〉）载入/恢复之前的选区。

技巧 3：更改某一对话框的设置后，若要恢复为原始设置，按住〈Alt〉键，"取消"按钮会变成"复位"按钮，再单击"复位"按钮即可。

3.2　案例2：动物保护杂志书页设计

生物多样性使地球充满生机，也是人类生存和发展的基础。保护生物多样性有助于维护地球家园，促进人类可持续发展。随着人口增长和人类经济活动的扩张，全球生物多样性正面临着严重威胁。共建地球生命共同体是人类的共同梦想。面对生态环境挑战，人类是一荣俱荣、一损俱损的命运共同体，没有哪个国家能独善其身。本案例设计动物保护杂志宣传页，效果如图 3-48 所示。

图 3-48　动物保护杂志书页设计效果

3.2.1　调整变换图像

3-7
调整变换图像

1. 图像的基本变换

图像处理时可以对图像、选区、选区中的图像、路径进行变换操作。变换操作具体包括：

缩放、旋转、斜切、扭曲、透视、变形、精准变换和再次变换等。

下面以图像变换为例,讲解一下变换对象的操作方法。

使用 Photoshop 软件打开"和美.psd"素材文件,选择"沙发"图层,执行"编辑"→"变换"→"自由变换"命令(快捷键为〈Ctrl+T〉),即可调出变换控制框。把指针放置在变换控制框内部,右击,可以调出其他变换命令,如图 3-49a 所示。变换控制框周围有 8 个点,为控制句柄,按住鼠标左键拖动这些控制句柄可以得到多种变换和扭曲的效果;变换控制框中的中心点为控制中心点,按住鼠标左键拖动控制中心点可以根据需要进行调整。

缩放:用于变换图像大小。拖动 4 个角上的控制句柄可以等比例放大或缩小图像,直接拖动 4 个中间的控制句柄可以改变图像的宽度或者高度。按住〈Alt〉键,拖动 8 个控制句柄可以保持以控制中心点为中心放大或缩小图像;按住〈Shift〉键,可以任意比例缩放;按住〈Shift+Alt〉组合键,可以实现以控制中心点为中心任意比例的放大或缩小图像,效果如图 3-49b 所示。

旋转:用于旋转图像。拖动 4 个角上的控制句柄可以实现图像的旋转,如图 3-49c 所示。缩放与旋转都相当于自由变换。

斜切:基于选定点的控制中心点,在原图水平方向和垂直方向进行图形变形。快捷键为〈Ctrl+Shift〉,主要拖动 4 个中间的控制句柄。效果如图 3-49d 所示。

扭曲:可以对图像进行任何角度的变形。快捷键为〈Ctrl〉,拖动 8 个控制句柄可以实现不同需求的扭曲。效果如图 3-49e 所示。

透视:可以对图像进行"梯形"或"顶端对齐三角形"的变化。效果如图 3-49f 所示。

变形:把图像边缘变为路径,对图像进行调整。矩形空白点为锚点,实心圆点为控制柄,通过描点和控制柄可以完成对图像的变形。变形过程如图 3-49g 所示。

此外,还可以完成对选取对象旋转 180 度、顺时针旋转 90 度、逆时针旋转 90 度,水平翻转和垂直翻转。例如,对图 3-49a 所示对象完成水平翻转后,效果如图 3-49h 所示。

a)   b)

图 3-49 图像的变换

a) 调出变换控制框及变换命令 b) 缩放

图 3-49 图像的变换（续）

c) 旋转 d) 斜切 e) 扭曲 f) 透视 g) 变形 h) 水平翻转

2. 图像的精准变换

实现图像的精确变换主要借助于变换工具的工具属性栏中的各个参数实现，如图 3-50 所示。

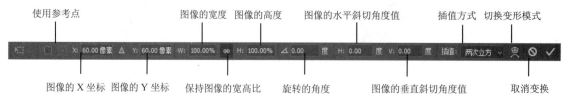

图 3-50　变换工具属性栏

3. 再次变换

如果需要对元素进行两次同样的变换，可以使用再次变换。通常使用快捷键复制和自由变换图像。自由变换使用快捷键〈Ctrl+T〉用于对图像进行缩放和旋转。复制并变换使用快捷键〈Ctrl+Alt+T〉实现。复制并再次变换使用快捷键〈Ctrl+Alt+Shift+T〉实现。任意比例缩放使用快捷键〈Shift〉并拖动鼠标实现。以中心任意比例缩放使用快捷键〈Alt+Shift〉并拖动鼠标实现。

以上命令适用于在同一幅图像中，重复使用率较高的图像元素，且此图像元素使用的图像调整及变形命令一致。下面举例说明再次变换的使用方法。

1）打开 Photoshop 软件，执行"文件"→"新建"命令，创建一个宽为 800 像素、高为 800 像素、分辨率为 72 像素/英寸的文档，并保存为"图像变换图案.psd"。

2）执行"视图"→"新建参考线"命令，弹出"新建参考线"对话框，设置水平参考线的位置为 400 像素，使用同样的方法创建垂直参考线，位置为 400 像素。设置前景色为浅黄色（#ffff00）、背景色为橙色（#459e10）。使用渐变工具，运用"径向渐变"方式，将背景绘制为如图 3-51 所示的效果。

3）新建一个图层，选中椭圆选框工具，将指针放在两条辅助线交会的位置（图像中心），按〈Alt〉键，画一个椭圆形选区，如图 3-52 所示。

图 3-51　设置渐变背景色

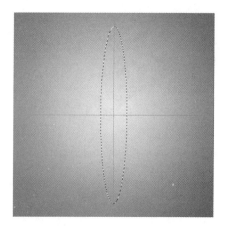

图 3-52　绘制椭圆形选区

4）执行"编辑"→"描边"命令，弹出"描边"对话框，设置描边"宽度"为 5 像素、"颜色"为白色、"位置"为内部，如图 3-53 所示。单击"确定"按钮后的效果如图 3-54 所示。

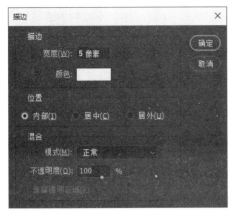

图 3-53 设置选区描边参数

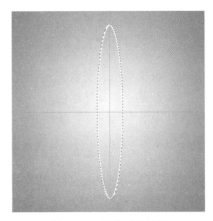

图 3-54 描边后的效果

5）执行"图层"→"复制"命令，复制新的图层。

6）执行"编辑"→"变换"→"自由变换"命令（快捷键为〈Ctrl+T〉），调出变换控制框，如图 3-55 所示。在"变换工具"属性栏中设置旋转角度为 10°，效果如图 3-56 所示。

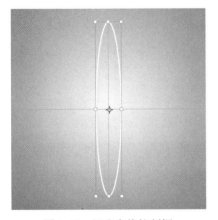

图 3-55 调出变换控制框

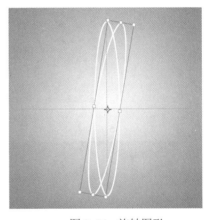

图 3-56 旋转图形

7）使用复制并再次变换快捷键〈Ctrl+Alt+Shift+T〉实现图案的连续复制，最终效果如图 3-57 所示。如果在第 6）步中，再设置图像高度和图像宽度，缩小比例为 95%，则会实现图像边旋转边缩小的变换效果，如图 3-58 所示。

图 3-57 复制并再次变换后的图案效果

图 3-58 边旋转边缩小的变换效果

3.2.2 选择并遮住工具的应用

在矩形选框工具组、套索工具组及魔棒工具等选区工具的属性栏中的最后一项都是"选择并遮住…"按钮，在旧版本中是"调整边缘"。该按钮可以提高选区边缘的品质，从而以不同的背景查看选区以便于编辑。还可以用它来调整图层蒙版。此按钮在做精细选区时应用非常广泛，如头发、毛发之类的边缘，即可应用此按钮。具体使用方法如下。

在 Photoshop 中打开"猫.jpg"素材图片，在打开的图中可以看见小猫图像的边缘由于毛发的原因显得非常乱，接下来就利用"选择并遮住…"按钮将其清晰地选取出来。

1）利用套索工具将图像做一粗糙选区，如图 3-59 所示。这时，单击属性栏中的"选择并遮住…"按钮，会弹出选择并遮住对话框，如图 3-60 所示。

图 3-59　使用套索工具勾画选区

图 3-60　选择并遮住对话框

对话框左侧的工具栏中的快速选择工具 主要用来创建选区，调整边缘画笔工具 和画笔工具 这两种工具可以精确调整发生选择并遮住的边界区域。使用调整边缘画笔工具刷过柔化区域（如头发或毛皮）以向选区中加入精妙的细节。画笔工具可以还原通过调整边缘画笔工具调整的部分。

对话框右侧的"属性"面板主要分为视图模式、边缘检测、全局调整和输出设置四个部分。

视图模式：单击"视图"下拉按钮，会打开视图下拉列表，具体包括洋葱皮、闪烁虚线、叠加、黑底、白底、黑白、图层等视图，从中选择一个模式以更改选区的显示方式。有关每种模式的信息，请将指针悬停在该模式上，一会儿就会出现工具提示。"显示边缘"在发生选择并遮住的位置显示选区边框。"显示原稿"显示原始选区以进行比较。

边缘检测：用于检测选取图像的边缘，使之变得精细或粗糙。"智能半径"可以自动调整边界区域中发现的硬边缘和柔化边缘的半径。如果边框一律是硬边缘或柔化边缘，或者要控制半径设置并且更精确地调整画笔，则取消选中此复选框。"半径"可以确定发生选择并遮住的选区边界的大小。对锐边使用较小的半径，对较柔和的边缘使用较大的半径。

全局调整：可以对图像选区的边缘做一些细节的调整。"平滑"指减少选区边界中的不规则区域（"山峰和低谷"），以创建较平滑的轮廓。"羽化"指模糊选区与周围的像素之间的过渡效果。"对比度"增大时，沿选区边框的柔和边缘的过渡会变得不连贯。通常情况下，选中"智能半径"复选框，再配合使用全局调整工具效果会更好。对于"移动边缘"，负值表示向内移动柔化边缘的边框，正值则表示向外移动这些边框。向内移动这些边框有助于从选区边缘移去不想要的背景色。

输出设置："净化颜色"将彩色边替换为附近完全选中的像素的颜色。颜色替换的强度与选区边缘的软化度是成比例的。由于此选项更改了像素颜色，因此它需要输出到新图层或文档。保留原始图层，这样就可以在需要时恢复到原始状态。"数量"用来更改净化和彩色边替换的程度。"输出到"决定调整后的选区是变为当前图层上的选区或蒙版，还是生成一个新图层或文档。

2）在选择并遮住对话框中，选中"边缘检测"选项区域的"智能半径"复选框，选择"视图模式"选项区域中的视图为"黑底"模式，并设置"半径"为 200 像素，这时可以看到画布中的图像被选择了出来。继续通过调整半径，将图像中边缘部分尚不清晰的地方涂抹掉，形成如图 3-61 所示的效果。

3）再经过"色彩范围"等工具略做调整后，即可看见其边缘清晰的效果，添加新的背景图后的效果如图 3-62 所示。

图 3-61　选择并遮住后的效果

图 3-62　添加新背景后的效果

3-9
使用 3D 功能

3.2.3　使用 3D 功能

1. 认识 3D 功能

3D 图层属于一类非常特殊的图层，为便于与其他图层区别开来，其缩略图上有一个 3D 图层的特殊标记▣。

下面通过一个例子认识一下 Photoshop 中的 3D 功能。

1）启动 Photoshop 软件，然后执行"文件"→"新建"命令，创建"感恩父亲节.psd"文件，宽度为 3000 像素、高度为 1800 像素、分辨率为 300 像素/英寸、颜色模式为 RGB 颜色、背景内容为白色。

2）在背景层中，从工具箱中选中渐变工具 ▬，取前景色为深蓝色（#004d74）、背景色为浅蓝色（#009afa）；接着，在属性栏中选择渐变填充（对称渐变 ▬），拖动鼠标后形成渐变的背景图像。效果如图 3-63 所示。

3）选中横排文字工具，设置文字大小为 100 点、字体为黑体，输入"感恩父亲节 父爱如山"，效果如图 3-64 所示。

图 3-63 创建背景

图 3-64 输入文字

4）执行"3D"→"从所选图层创建 3D 模型"命令，弹出"您即将创建一个 3D 图层。是否切换到 3D 工作区"提示框，单击"是"按钮进入 3D 工作区，如图 3-65 所示。

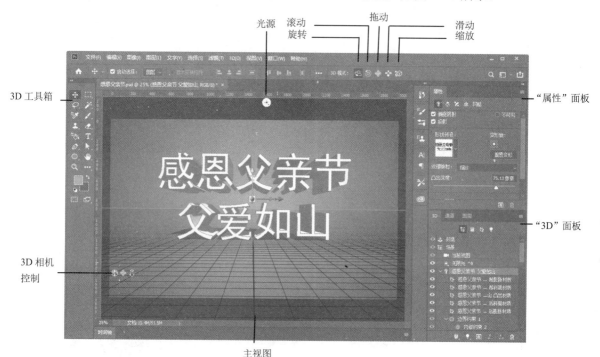

图 3-65 3D 工作区

5）在空白位置单击，会旋转 3D 对象，出现从任意角度观看的效果，如图 3-66 所示。单击上方的"光源"按钮，可看到不同方向的日照效果，如图 3-67 所示。

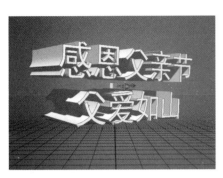

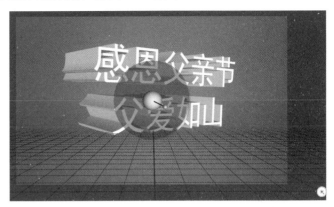

图 3-66　旋转 3D 文字　　　　　　　　　　　图 3-67　调整光源方向

6）单击左下角的"3D 相机控制"按钮组，分别尝试环绕移动 3D 相机🔘、平移 3D 相机🔘、移动 3D 相机🔘，可以看到不同方向的 3D 效果，如图 3-68 所示。

7）单击文字内容，会出现纹理及映射的凹凸程度设置，可按需要自行调节文字的相关设置。例如，选择材质为"石砖"，依次设置闪亮、反射、粗糙度、凹凸、不透明度与折射，效果如图 3-69 所示。

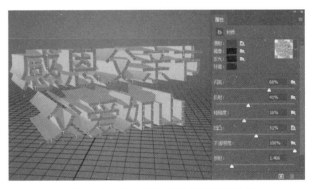

图 3-68　环绕移动 3D 相机　　　　　　　　　图 3-69　文字的纹理及映射相关设置

8）单击文字两次，会调出阴影设置画面，可设置阴影的锥度、深度等，单击阴影部分，可设置阴影的"发光"及"环境"颜色，效果如图 3-70 所示。

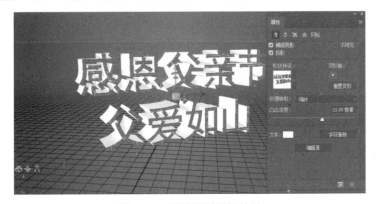

图 3-70　调整阴影后的效果

2. 创建 3D 明信片

打开素材图片"飞机.jpg"（见图 3-71），执行"3D"→"从图层新建网格"→"明信片"命令，可以将平面图片转换为 3D 明信片两面的贴图材料，该平面图也相应被转换为"3D"图层，效果如图 3-72 所示。

图 3-71 "飞机"素材图片   图 3-72 3D 明信片效果

3. 综合应用——创建绿色球体

下面通过创建绿色球体综合应用 Photoshop 的 3D 功能。

1）启动 Photoshop 软件，然后执行"文件"→"新建"命令，创建"绿色球体.psd"文件，设置宽度为 3000 像素、高度为 2000 像素、分辨率为 300 像素/英寸、颜色模式为 RGB 颜色、背景内容为白色。

2）在背景层中，从工具箱中选中渐变工具 ，取前景色为浅橙色（#fddf8f）、背景色为白色，接着在属性栏中选择渐变填充（对称渐变 ），拖动鼠标后形成渐变的背景图像。

3）新建空白图层，命名为"绿条"，绘制几条绿色线条，如图 3-73 所示。接下来复制彩条，将背景图层变成黑色，条纹变成白色，如图 3-74 所示，保存为"黑白纹理.psd"文档，以备用作彩条的纹理。

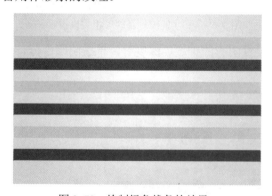

图 3-73 绘制绿色线条的效果   图 3-74 创建黑白纹理

4）执行"窗口"→"工作区"→"3D"命令，转换到 3D 工作区域，执行"3D"→"从图层新建网格"→"网格预设"→"球体"命令，绿条变化为绿色球状，效果如图 3-75 所示。

5）在视图里找到"3D"面板，单击"滤镜：材质"按钮，如图 3-76 所示。

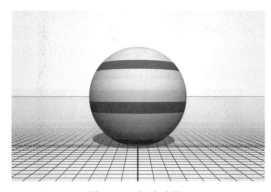

图 3-75 创建球体

图 3-76 "3D"面板中的"滤镜:材质"按钮

6) 设置 3D 属性。如图 3-77 所示,单击"不透明度"滑块后方的文件夹图标,选择"载入纹理"选项,选择先前做好的备用文档"黑白纹理.psd",将 3D 属性的不透明度设置为 0,得到干净的球体。直接拖动视图,就可以看到各个面的球体状态,稍微翻转一下角度,让螺旋体更突出,效果如图 3-78 所示。

图 3-77 "属性"面板

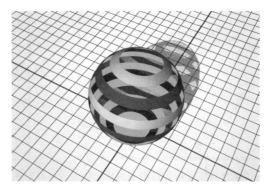

图 3-78 设置材质后的效果

3.2.4 案例实现过程

3-10
动物保护杂志
内页展示效果
制作

宣传页、杂志、画册书页设计在生活中经常遇到,本案例为已设计好的书页做一个展示效果。具体操作如下。

1) 在 Photoshop 中打开"杂志素材",并双击"图层"面板中素材所在的背景图层,在弹出的对话框中单击"确定"按钮,将素材的背景图层转化为普通图层。使用裁剪工具对杂志素材进行裁剪,把边缘的白边裁掉。执行"文件"→"另存为"命令,将文件命名为"动物保护杂志书页设计.psd"。

2) 执行"文件"→"置入"命令,将"保护羚牛"图片置入画布中,在"图层"面板中右击"保护羚牛"图层,在弹出的菜单中选择"栅格化图层"命令,将该图层变为普通图层。

3) 使用移动工具单击"保护羚牛"图层,执行"编辑"→"自由变换"命令,对图像角度进行调整,使之与书页的角度一致,并拖动边框上的控制句柄调整其大小,使其覆盖左侧书页,如图 3-79 所示。

4）单击属性栏右侧的"在自由变换和变形模式下切换"按钮█，或者执行"编辑"→"变换"→"变形"命令，还可以右击选择"变形"命令，使图像处于变形模式，以对图像进行形状的调整。使用移动工具，拖动图像的 4 个角及每个角上的控制柄，以调整图像的形状，使之大致符合画册整体页面的形状，如图 3-80 所示。双击图片，确认此次操作。

图 3-79　自由变换后的效果　　　　　　　图 3-80　变形后的效果

5）采用同样的方法，置入"禁食野生动物"素材，如图 3-81 所示，采用"自由变换"的变形命令使其达到如图 3-82 所示的效果。

图 3-81　"禁食野生动物"自由变换后的效果　　　图 3-82　"禁食野生动物"变形后的效果

6）单击"图层"面板中的"保护羚牛"和"禁食野生动物"两个图层前面的"眼睛"图标，使之消失，让两个素材隐藏起来。再单击书页所在的图层，使之处于蓝色的选中状态。

7）选中工具箱中的磁性套索工具，设置羽化效果为 0 像素，沿着书页建立闭合选区，如图 3-83 所示。在使用套索工具时，可在无法自动精确建立描点的位置手动单击建立描点。

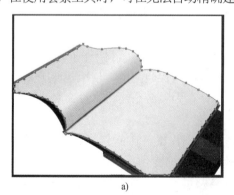

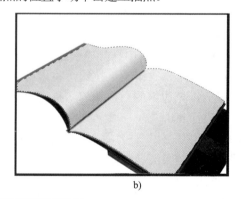

a)　　　　　　　　　　　　　　　　　b)

图 3-83　利用磁性套索工具建立选区

a) 磁性套索工具建立的描点　b) 建立的选区效果

8）单击"图层"面板中的"保护羚牛"图层前面的"眼睛"图标，使之显示出来，并单击该图层，使之处于选中的蓝色状态，如图 3-84 所示。

9）执行"选择"→"反选"命令，对书页素材图层进行反选，并使用〈Delete〉键将选区内的图像删除，效果如图 3-85 所示。

图 3-84　选中并显示"保护羚牛"图层

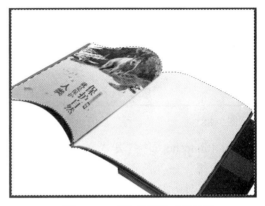

图 3-85　反选并删除后的效果

10）采用同样的方法，选中并显示"禁食野生动物"图层，并使用〈Delete〉键将选区内的图像删除，按快捷键〈Ctrl+D〉取消选区。分别选中"保护羚牛"和"禁食野生动物"两个图层，单击"图层"面板中的"图层混合模式"下拉按钮，选择"正片叠底"模式，如图 3-86 所示，使图像与背景图层的书页混合在一起，如图 3-87 所示。

图 3-86　分别设置图层混合模式为正片叠底

图 3-87　正片叠底后的效果

11）需要加一些装饰以起到更好的宣传效果。在 Photoshop 中打开"郁金香"素材文件，使用魔棒工具选择花的背景部分，执行"选择"→"反选"命令（快捷键为〈Ctrl+Shift+I〉）反向选中"花"，并将其拖动到本案例的文件中。利用自由变换工具调整其大小，并将其摆放到合适的位置，效果如图 3-88 所示。

12）在 Photoshop 中打开"蝴蝶"素材文件，使用多边形套索工具选择"蝴蝶"，并将其拖动到本案例的文件中。利用自由变换工具调整其大小，并将其摆放到合适的位置，效果如图 3-89 所示。

图 3-88 插入"郁金香"后的效果

图 3-89 插入"蝴蝶"后的效果

13）在 Photoshop 中打开"文字"素材，双击文字所在的图层，并确定将其转化为普通图层。执行"选择"→"色彩范围"命令，在弹出的"色彩范围"对话框中设置"颜色容差"为 60，并用吸管工具吸取画布中的白色，如图 3-90 所示，目的是使文字能够被更加精确地选择。单击"确定"按钮后会发现，画布中的白色全部被选中并建立了选区，经放大后检查，文字的边缘选择得比较精确，如图 3-91 所示。

图 3-90 设置"色彩范围"对话框

图 3-91 建立文字选区

14）执行"选择"→"反选"命令，在文字的周围建立选区，使用移动工具单击文字并将其拖动到案例文件中，使用自由变换工具旋转并调整其角度，然后把它放到宣传页右下角的位置，如图 3-92 所示。

15）执行"编辑"→"描边"命令，设置描边"宽度"为 2 像素，"颜色"为白色，"位置"为居外，单击"确定"按钮后的效果如图 3-93 所示。

16）为了增加画面的立体感，设置前景色为黑色。在最底层新建一个图层，并命名为"阴影"，使用画笔工具，右击选择"柔边缘"画笔，设置画笔大小为 150 像素，给书页绘制阴影效果。同时，创建 3D 文字效果，制作淡绿色"爱护动物"文字效果。最终效果如图 3-48 所示。

图 3-92　添加文字后的效果

图 3-93　文字描边的效果

3.2.5　应用技巧

技巧 1：如果忘记取消选区的快捷键，可以执行"选择"→"取消选择"命令取消选区。如果使用的是矩形选框工具、椭圆选框工具或套索工具，请在图像中单击选定区域外的任何位置取消选区，但前提是选区创建模式为"新选区"。

技巧 2：在使用"色彩范围"命令时，要临时启动加色吸管工具，请按住〈Shift〉键。按住〈Alt〉键可启动减色吸管工具。

技巧 3：拖动选区内任何区域，可以移动选区，或将选区边框局部移动到画布边界之外。当将选区边框拖动回来时，原来的选区以原样再现。还可以将选区边框拖动到另一个图像窗口。

技巧 4：隐藏或显示选区。执行"视图"→"显示"→"选区边缘"命令，这将切换选区边缘的视图，并且只影响当前选区。在建立另一个选区时，选区边框将重现。

3.3　项目实践

依据图 3-94 所示的艺术照模板，结合图 3-95 所示的几张儿童照素材，利用选区工具、橡皮擦工具、魔术棒工具、自由变换工具等合成为一幅图像。

图 3-94　艺术照模板

图 3-95　素材图片

模块 4　图层应用

4.1 案例 1：翡翠吊坠的制作

玉是我国传统文化的一个重要组成部分。以玉为中心载体的玉文化，深深地影响着人们的思想观念，成为我国文化不可缺少的一部分。

图像都是基于图层来进行处理的，图层就是图像的层次。可以将一幅作品分解成多个元素，即每一个元素都由一个图层进行管理。本节通过图层与图层的样式来完成翡翠吊坠的制作，整体效果如图 4-1 所示。

图 4-1　翡翠吊坠效果展示

4.1.1 图层概述

Photoshop 是一款以"图层"为基础操作单位的软件。"图层"是在 Photoshop 中进行一切操作的载体。顾名思义，图层就是图+层，图即图像，层即分层、层叠。简而言之，图层就是以分层形式显示图像。

1. 图层的分类

图层主要分为背景图层、普通图层、文字图层、调整图层、形状图层、填充图层、智能对象图层和图层组。

背景图层：背景图层不可以调节图层顺序，永远在最下边，不可以调节不透明度，不能增加图层样式及蒙版。可以使用画笔、渐变、图章和修饰工具。

普通图层：可以进行一切操作。

文字图层：通过文字工具创建 3D 文字。文字图层不可以进行滤镜、图层样式等操作。

调整图层：可以在不破坏原图的情况下，对图像进行色相、色阶、曲线等操作。

形状图层：可以通过形状工具和路径工具来创建，内容被保存在它的蒙版中。

填充图层：填充图层也是一种带蒙版的图层。内容为纯色、渐变和图案，可以转换成调整层，也可以通过编辑蒙版，制作融合效果。

智能对象图层：智能对象实际上是一个指向其他 Photoshop 的指针，当更新源文件时，这种变化会自动反映到当前文件中。

图层组：为了方便图层的组织与管理，将不同的图层进行分组管理。

2. 图层独立存储元素

在实际图像设计制作过程中，可以使用不同的图层保存不同的图像元素，如素材文件夹中的图片"年年有余.psd"，其主题图层组中的"金鱼"图层与"老鼠"图层都是独立的图层，如

图 4-2 所示。如果单击图 4-2 中"金鱼"图层前方的"图层可见性"按钮  ("眼睛"图标)，可以将"金鱼"图层隐藏。通过其能清晰地看到图层独立存储元素的功能，如图 4-3 所示。

图 4-2 图层独立存储元素

图 4-3 隐藏图层后的素材图像效果与"图层"面板

同时，在 Photoshop 中能够随意排列图层上下顺序，从而改变叠加次序，构建出不同的视觉效果。比如，素材文件夹"年年有余.psd"中"金鱼"图层在"老鼠"和"年年有余"图层的上方，调整它们之间的顺序，将"年年有余"图层拖放到"金鱼"图层与"老鼠"图层的上方，不过此时，"金鱼"图层的内容就遮挡了"年年有余"图层的部分内容。

4.1.2 认识"图层"面板

对于图层的各种操作都是基于"图层"面板进行的，因此掌握"图层"面板是掌握图层操作的前提。比如，打开素材文件夹中的 Photoshop 合成图像"端午节海报.psd"（见图 4-4），这幅作品中包含了背景图层、普通图层、文本图层、调整图层、形状图层、填充图层、智能对象图层和图层组等各类图层。

图 4-4 端午节海报

执行"窗口"→"图层"命令（快捷键为〈F7〉），可以显示图 4-5 所示的"图层"面板。

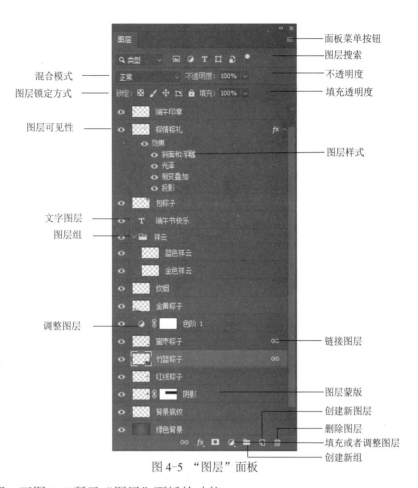

图 4-5　"图层"面板

下面介绍一下图 4-5 所示"图层"面板的功能。

● 混合模式 正常 ：用于设置图层的混合模式。

● 图层锁定方式 ：分别表示锁定透明像素、锁定图像像素、锁定位置、锁定全部。

● 图层可见性 ：指定图层的显示与隐藏。

● 链接图层 ：用于多个图层的链接。

● 图层样式 ：用于设置图层的各种效果。

● 图层蒙版 ：用于创建蒙版图层。

● 填充或者调整图层 ：用于创建新填充或者调整图层。

● 创建新组 ：用于创建图层文件组。

● 创建新图层 ：用于创建新的图层。

● 删除图层 ：用于删除图层。

通过"图层"菜单命令可以实现选择图层、合并图层、调整顺序、创建智能图层等操作。在菜单栏中的"图层"菜单中聚集了所有关于图层创建、编辑的命令，而在"图层"面板中的菜单包含了最常用的操作命令。

除了这两个关于图层的菜单外，还可以在选中移动工具 的前提下，在文档中右击，通过弹出的快捷菜单，根据需要选择所要编辑的图层。另外，在"图层"面板中右击，也可以打开关于编辑图层、设置图层的快捷菜单。使用这些快捷菜单命令，可以快速、准确地完成图层操作，提高工作效率。

4.1.3 使用图层

在 Photoshop 中，针对图层的操作主要包括选择图层、移动图层、复制图层、删除图层、调整图层的顺序、锁定图层内容、链接图层、合并图层、盖印图层、剪贴蒙版、对齐和分布链接图层等。

1．选择图层

如果要选择某一图层，只需要在"图层"面板中单击要选择的图层即可。处于选择状态的图层与普通图层有一定的区别，被选择的图层以蓝底显示。

如果要选择除"背景"图层以外的所有图层，操作方法是执行"图层"→"所有图层"命令，或者按快捷键〈Ctrl+Alt+A〉。

2．移动图层

使用移动工具🔀可以移动当前的图层，如果当前的图层中包含选区，则可移动选区内的图像。在该工具的属性栏中可以设置以下属性。

自动选择图层：选择该选项后，单击图像即可自动选择光标下所有包含像素的图层。该项功能对于选择具有清晰边界的图形较为灵活，但在选择设置了羽化的半透明图像时，却很难发挥作用。

自动选择组：选择了该选项后，单击图像可选择选中图层所在的图层组。

显示变换控件：选中该复选框后，选中的项目周围的边框上显示控制句柄，可以直接拖动控制句柄缩放图像。

3．复制图层

通过复制图层，可以创建当前图层的副本，它可以用来加强图像效果，如图 4-6 所示，同时也可以保存图像。复制图层的方法有以下几种。

方法 1：选择要复制的图层，然后执行"图层"→"复制图层"命令，在弹出的"复制图层"对话框中输入该图层名称。

方法 2：选择要复制的图层，将该图层拖动到"创建新图层"按钮🔲上即可。

方法 3：按快捷键〈Ctrl+J〉，也可以执行复制图层。

方法 4：选中移动工具🔀的同时按下〈Alt〉键并拖动，即可复制选择的图层。

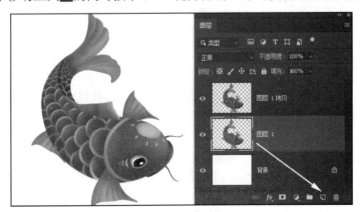

图 4-6　图层复制

4．删除图层

将没有用的图层删除可以有效地减小文件的大小。选择要删除的图层，单击"删除图层"按钮🗑即可，或将图层拖动到该按钮上。

5．调整图层的顺序

在编辑多个图像时，图层的顺序排列也很重要。上面图层的不透明区域可以覆盖下面图层的图像内容。如果要显示覆盖的内容，需要对该图层的顺序进行调整。

调整图层顺序的方法有以下几种。

方法 1：选择要调整顺序的图层，执行"图层"→"排列"→"前移一层"命令（快捷键为〈Ctrl+]〉），该图层就可以上移一层。要将图层下移一层，执行"图层"→"排列"→"后移一层"命令（快捷键为〈Ctrl+[〉）。

方法 2：选择要调整顺序的图层，拖动鼠标到目标图层上方，然后释放鼠标，即可调整该图层顺序。

方法 3：如果需要将某个图层置顶的话，按快捷键〈Ctrl+Shift+]〉；如果需要将某个图层置底的话，按快捷键〈Ctrl+Shift+[〉即可。

6．锁定图层内容

在"图层"面板的顶端有 4 个可以锁定图层的按钮，如图 4-7 所示，使用不同的按钮锁定图层后，可以保护图层的透明区域，图像的像素、位置不会因为误操作而改变。用户可以根据实际需要锁定图层的不同属性。

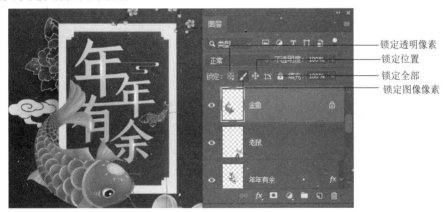

图 4-7　锁定图层按钮

下面分别介绍各个按钮的作用。

锁定透明像素▨：单击该按钮后，可将编辑范围限制在图层的不透明部分。

锁定图像像素✎：单击该按钮后，可防止修改该图层的像素，只能对图层进行移动和交换操作，而不能对其进行绘画、擦除或应用滤镜。

锁定位置✛：单击该按钮后，可防止图层被移动。对于设置了精确位置的图像，将其锁定后就不必担心被意外移动了。

锁定全部🔒：单击该按钮后，可锁定以上全部选项。当图层被完全锁定时，"图层"面板中锁定图标显示为实心的；当图层被部分锁定时，锁状图标是空心的。

7. 链接图层

使用图层的链接功能可以方便地移动多个图层图像，同时对多个图层中的图像进行变换操作，比如移动、旋转、缩放等，从而可以轻松地对多个图层进行编辑。

要链接多个图层，可以按住〈Ctrl〉键再单击"图层"面板中的相关图层，然后单击"图层"面板下方的"链接图层"按钮 🔗 ，即可将所有选中的图层链接起来，如图 4-8 所示。对于链接后的图层，在移动某一个图层时，其他图层也会跟着移动。

图 4-8　链接图层

8. 合并图层

在一幅复杂的图像中，通常由成百上千个图层组成，图像文件所占用的磁盘空间也相当庞大。此时，如果要减少文件所占用的磁盘空间，可以将一些不必要的图层合并。此外，合并图层还可以提高文件的操作速度。

常见的合并方法有以下几种。

- 合并图层：选择两个或多个图层，执行"图层"→"合并图层"命令（快捷键为〈Ctrl+E〉），就可以将选择的图层合并。该命令可以将当前作用图层与其下一图层合并，其他图层保持不变。合并图层时，需要将作用图层的下一图层设为显示状态。
- 合并可见图层：执行"图层"→"合并可见图层"命令（快捷键为〈Ctrl+Shift+E〉），可以将所有可见的图层、图层组合并为一个图层。执行该命令，可以将图像中所有显示的图层合并，而隐藏的图层则保持不变。
- 拼合图层：执行"图层"→"拼合图像"命令，可以将当前文件的所有图层拼合到背景层中，如果文件中有隐藏图层，则系统会弹出对话框要求用户确认合并操作，因为拼合图层后，隐藏的图层将被删除。

9. 盖印图层

盖印是一种特殊的图层合并方法，它可以将多个图层的内容合并为一个目标图层，同时使其他图层保持完好。当需要得到对某些图层的合并效果，而又要保持原图层信息完整的时候，通过盖印功能合并图层可以达到很好的效果。

盖印功能在 Photoshop 菜单中无法找到，当执行命令后，可以在"历史记录"面板中查看，具体的使用方法如下所示。

打开素材图片"金鱼与金鼠.psd"，如图 4-9a 所示。首先选择"金鱼"图层，按快捷键

〈Ctrl+Alt+E〉执行盖印操作，然后会在"金鱼"图层发现"金鼠"图层的内容，如图 4-9b 图所示。可见，在"图层"面板中，可以将某一图层中的图像盖印至下面的图层中，而上面图层的内容保持不变。

图 4-9 图层盖印

a)"金鱼与金鼠"素材图片 b) 盖印后的图层

此外，盖印功能还可以应用到多个图层，具体操作方法是：选择多个图层，按快捷键〈Ctrl+Alt+E〉即可。如果需要将所有图层的信息合并到一个图层，并且保留源图层的内容。首先选择一个可见层，按快捷键〈Ctrl+Shift+Alt+E〉盖印可见层。执行完操作后，所有可见图层被盖印至一个新建的图层中。

10. 剪贴蒙版

"剪贴蒙版"是 Photoshop 中的一条命令，也称剪贴组。该命令是使用处于下方图层的形状来限制上方图层的显示状态，以达到一种剪贴画的效果。

"剪贴蒙版"就是"下形状上颜色"的意思。

执行"窗口"→"创建剪贴蒙版"命令，或者使用快捷键〈Ctrl+Alt+G〉可以创建剪贴蒙版，也可以按住〈Alt〉键，在两个图层中间出现图标后单击。建立剪贴蒙版后，上方图层缩略图缩进，并且带有一个向下的箭头。

如图 4-10 所示，有 3 个图层，分别是背景、爱心和玫瑰。

图 4-10 素材图层显示顶层的玫瑰

因为"剪贴蒙版"就是"下形状上图像",所以隐藏"玫瑰"图层,则显示下面的"爱心"图层,页面效果如图 4-11 所示。

图 4-11 "爱心"图层

再次显示 3 个图层,执行"窗口"→"创建剪贴蒙版"命令(快捷键为〈Ctrl+Alt+G〉),即可创建剪贴蒙版,页面效果如图 4-12 所示,在心形中间显示了玫瑰。

图 4-12 "创建剪贴蒙版"的效果

11. 对齐和分布链接图层

在对多个图层进行编辑操作时,有时为了创作出精确的图形效果,需要将多个图层中的图像进行对齐或等间距分布,比如精确选区边缘、裁剪选框、切片、形状和路径等。

使用"对齐"命令之前,需要先建立 2 个或 2 个以上的图层链接,使用"分布"命令之前,需要建立 3 个或 3 个以上的图层链接,否则这两个命令都不可用。

要执行"对齐"或"分布"命令,可以选择"图层"→"对齐"或"图层"→"分布"子菜单下的各个命令,也可以在工具属性栏中单击各个按钮来完成操作。各按钮的功能见表 4-1。

表 4-1 对齐、分布命令一览表

分类	按钮	名称	功能与作用
对齐		顶对齐	将所有链接图层最顶端的像素与作用图层最上边的像素对齐
		垂直居中对齐	将所有链接图层垂直方向的中心像素与作用图层垂直方向的中心像素对齐
		底对齐	将所有链接图层最底端像素与作用图层的最底端像素对齐

（续）

分类	按钮	名称	功能与作用
对齐	吕	左对齐	将所有链接图层最左端的像素与作用图层最左端的像素对齐
	串	水平居中对齐	将所有链接图层水平方向的中心像素与作用图层水平方向的中心像素对齐
	리	右对齐	将所有链接图层最右端的像素与作用图层最右端的像素对齐
分布	〒	按顶分布	从每个图层最顶端的像素开始，均匀分布各链接图层的位置，使它们最顶边的像素间隔相同的距离
	름	垂直居中分布	从每个图层垂直居中像素开始，均匀分布各链接图层的位置，使它们垂直方向的中心像素间隔相同的距离
	릎	按底分布	从每个图层最底端像素开始，均匀分布各链接图层的位置，使它们最底端像素间隔相同的距离
	ᆘᆘ	按左分布	从每个图层最左端像素开始，均匀分布各链接图层的位置，使它们最左端像素间隔相同的距离
	ᅶ	水平居中分布	从每个图层水平居中像素开始，均匀分布各链接图层的位置，使它们水平方向的中心像素间隔相同的距离
	ᆘ	按右分布	从每个图层最右端像素开始，均匀分布各链接图层的位置，使它们最右端像素间隔相同的距离
分布间距	▭	垂直分布	在图层之间均匀分布垂直间距
	▯	水平分布	在图层之间均匀分布水平间距

4.1.4　操作图层组

在创建复杂的图形作品时，就会存在大量不同类型、不同内容的图层，为了方便组织和管理图层，Photoshop 提供了图层组的功能。使用图层组功能可以很容易地将图层作为一组来进行操作，比链接图层更方便、更快捷。

4-3
操作图层组

1. 创建图层组

单击"图层"面板中的"创建新组"按钮 即可新建一个图层组。后面再创建图层时，就会在图层组里面创建，如图 4-13 所示。

图 4-13　图层组的使用

选择多个图层后，执行"图层"面板中的"从图层新建组"命令（快捷键为〈Ctrl+G〉），可以将选择的图层放入同一个图层组内。

2. 嵌套图层组

还可以将当前的图层组嵌套在其他图层组内，如图 4-14 所示，这种嵌套结构最多可以为 5 级。选择图层组中的图层，单击"创建新组"按钮，即可在图层组中创建新组。

图 4-14　嵌套图层组

3．编辑图层组

　　当从"图层"面板中选择了图层组后，对图层组执行的移动、旋转、缩放等变换操作将作用于所有图层。如图 4-15 所示，对图层组执行"斜切"命令。

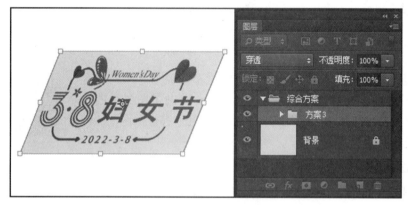

图 4-15　对图层执行"斜切"命令

　　单击图层组前的下拉按钮，可以展开图层组，再次单击可以折叠图层组。如果按下〈Alt〉键再单击该按钮，可以展开图层组及该组中所有图层的样式列表。

　　如果要将图层组解散，可以执行"图层"→"取消图层编组"命令（快捷键为〈Ctrl+Shift+G〉）。

　　如果要删除图层组及图层组中的所有图层，可以把要删除的图层组拖至"删除图层"按钮 🗑 上；如果要保留图层，而删除图层组，可在选择图层组后，单击"删除图层"按钮，在弹出的对话框中选择"仅组"即可。

4.1.5　认识与使用图层样式

1．认识图层样式

　　图层样式是创建图像特效的重要手段，Photoshop 提供了多种图层样式效果，可以快速更改图层的外观，为图像添加阴影、发光、斜面、叠加和描边等效果，从而创建具有真实质感的效果。应用于图层的样式将变为图层的一部

4-4
认识与使用图
层样式

分，在"图层"面板中，图层的名称右侧将出现 fx 图标，单击图标旁边的下三角按钮，可以展开样式，以便查看并编辑样式。

当为图层添加图层样式后，既可以双击图标打开对话框并修改样式，也可以通过菜单命令将样式复制到其他图层中，并根据图像的大小缩放样式，还可以将设置好的样式保存在"样式"面板中，方便重复使用。图 4-16 所示为原图像和图像添加图层样式后的效果。

a)   b)

图 4-16 图层样式效果应用对比

a) 原图像 b) 应用样式后的图像效果

2. 斜面和浮雕

启用"斜面和浮雕"图层样式可以为图像和文字制作立体效果，它是通过对图层添加高光与阴影来模仿立体效果的。通过参数设置，可以控制浮雕样式的强弱、大小、明暗变化等效果。

打开素材图片"中国梦.psd"，给红色的"梦"字设置"斜面和浮雕"效果，具体参数按图 4-17 中"图层样式"对话框所示进行设置，效果如图 4-17 左侧所示。

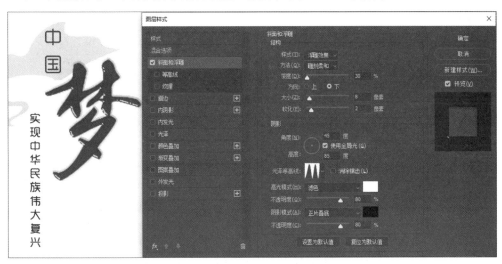

图 4-17 设置"斜面和浮雕"效果

通过"样式"下拉列表框，可以设置浮雕的类型，改变浮雕立体面的位置。具体包含如下选项。

● 外斜面：在图层内容的外边缘上创建斜面效果。

● 内斜面：在图层内容的内边缘上创建斜面效果。

● 浮雕效果：创建使图层内容相对于下层图层凸出的效果。

- 枕状浮雕：创建将图层内容的边缘凹陷进入下层图层中的效果。
- 描边浮雕：在图层描边的边界上创建浮雕效果。

"方法"下拉列表框用来控制浮雕效果的强弱，包括如下三个级别。

- 平滑：可稍微模糊杂边的边缘，适用于所有类型的杂边，不保留大尺寸的细节特写。
- 雕刻清晰：主要用于消除锯齿形状（如文字）的硬边杂边，保留细节特写的能力优于"平滑"。
- 雕刻柔和：没有"雕刻清晰"细节特写的精确，主要应用于较大范围的杂边。

在设置浮雕效果时，还可以通过设置"深度""大小""软化"及"高度"等参数来控制浮雕效果的细节变化。

深度：设置斜面或图案的深度。

大小：设置斜面或图案的大小。

软化：模糊投影效果，消除多余的人工痕迹。

高度：设置斜面的高度。

光泽等高线：创建类似于金属表面的光泽外观。

高光模式：用来指定斜面或暗调的混合模式，单击右侧的颜色块可以打开"拾色器"对话框，在其中设置高光的颜色。

阴影模式：在该下拉列表框中可选择一种斜面或浮雕暗调的混合模式，单击其右边的颜色块，可以在打开的"拾色器"对话框中设置暗调部分的颜色。

此外，还可以给图层设置等高线和纹理等。

3. 描边

描边指使用颜色、渐变颜色或图案描绘当前图层中对象、文本或形状的轮廓。对于边缘清晰的形状（如文本），这种效果尤其明显。

使用素材图片"中国梦.psd"，在给"梦"字设置"斜面和浮雕"的基础上，继续创建黑色"描边"效果，具体参数按图 4-18 中右侧的"图层样式"对话框所示进行设置，效果如图 4-18 左侧所示。

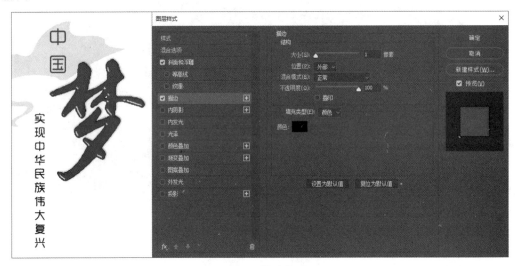

图 4-18　描边效果

"描边"图层样式对话框中的相关参数说明如下。

- 大小：用于控制"描边"的宽度，数值越大则生成的描边宽度就越大。
- 位置：主要分为外部、内部和居中。
- 混合模式：选择不同的混合模式将得到不同的效果。
- 不透明度：定义描边的不透明度，数值越大描边颜色越浓。
- 填充类型：主要分为颜色、渐变和图案三种。
- 颜色：单击颜色块弹出"拾色器"对话框，可以在其中设置不同的描边颜色。

4．内阴影

内阴影作用于对象、文本或形状的内部，在图像内部创建出阴影效果，使图像出现类似内陷的效果。启用"内阴影"图层样式，在其右侧的界面中可设置"内阴影"的各项参数。

打开素材图片"中国梦.psd"，给"梦"字图层设置"内阴影"效果，具体参数按图 4-19 中右侧的"图层样式"对话框所示进行设置，效果如图 4-19 左侧所示。

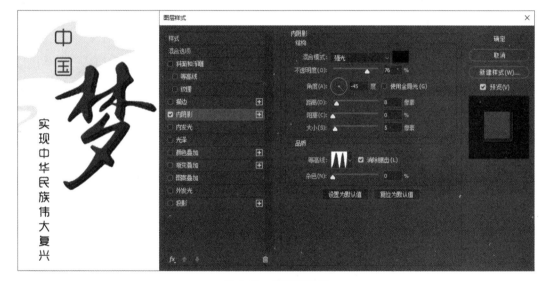

图 4-19　内阴影效果

"内阴影"图层样式对话框中的相关参数说明如下。

- 距离：拖动滑块或者输入数值，可以定义"内阴影"的投射距离。数值越大，则内阴影在视觉上距离投射阴影的对象就越远，其三维空间的效果就越好；反之，则内阴影越贴近投射阴影对象。
- 等高线：使用等高线可以定义图层样式效果的外观，单击此下拉列表框将弹出等高线列表，可以在该列表中选择所需要的等高线类型。

5．内发光

内发光就是将从图层对象、文本或形状的边缘向内添加发光效果。在设置发光效果时，应注意主体物的颜色，主体物颜色为深色时，可直观地查看到内发光的效果。

打开素材图片"中国梦.psd"，给"梦"字设置"内发光"效果，具体参数按图 4-20 中右侧的"图层样式"对话框所示进行设置，效果如图 4-20 左侧所示。

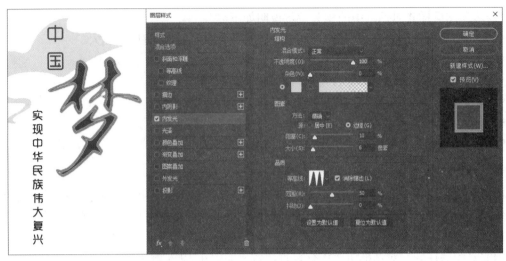

图 4-20 "内发光"效果

6. 光泽

"光泽"可以使物体表面产生明暗分离的效果,它在图层内部根据图像的形状来应用阴影效果,通过设置"距离",可以控制光泽的范围。

打开素材图片"中国梦.psd",给"梦"字设置"光泽"效果,具体参数按图 4-21 中右侧的"图层样式"对话框所示进行设置,效果如图 4-21 左侧所示。

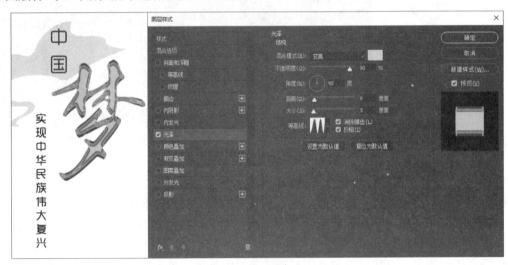

图 4-21 "光泽"效果

7. 颜色叠加

"颜色叠加"可在图层内容上填充一种选定的颜色。在"颜色叠加"图层样式对话框中,可以设置"颜色""混合模式"及"不透明度",从而改变叠加色彩的效果。该样式与为图像填充前景色和背景色的操作效果相同,所不同的是使用"颜色叠加"可以方便、直观地更改填充的颜色。

8. 渐变叠加

"渐变叠加"的操作方法与"颜色叠加"类似,在"渐变叠加"图层样式对话框中可以改变渐变样式以及角度。单击中间的"渐变"颜色条，可打开"渐变编辑器"对话框，通过该对话框，可设置出不同颜色混合的渐变色，为图像添加更为丰富的渐变叠加效果。

打开素材图片"中国梦.psd"，给"梦"字设置"渐变叠加"的多彩效果，具体参数按图 4-22 中右侧的"图层样式"对话框所示进行设置，效果如图 4-22 左侧所示。

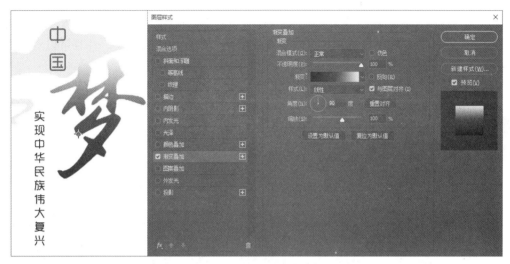

图 4-22　"渐变叠加"效果

9. 图案叠加

图案叠加是在图层对象上叠加图案，即用一致的重复图案填充对象。在"图案拾色器"对话框中还可以选择其他的图案。

10. 外发光

外发光是将从图层对象、文本或形状的边缘向外添加发光效果。设置参数可以让对象、文本或形状更精美。

打开素材图片"中国梦.psd"，在给"梦"字设置 1 像素的白色"描边"效果的基础上，再给"梦"字添加"外发光"效果，参数按图 4-23 中右侧的"图层样式"对话框所示进行设置，效果如图 4-23 左侧所示。

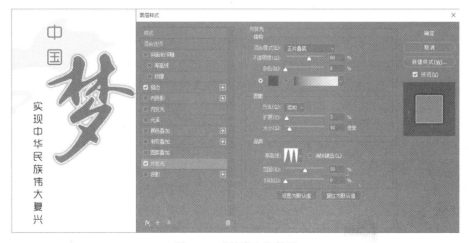

图 4-23　"外发光"效果

11．投影

"投影"为图层上的对象、文本或形状添加阴影效果。投影参数由"混合模式""不透明度""角度""使用全局光""距离""扩展"和"大小"等组成，通过对这些参数的设置可以得到需要的效果。

投影制作是设计者最基础的入门功夫。无论是文字、按钮、边框还是物体，如果加上投影，则会产生立体感。利用投影样式可以逼真地模仿出物体的阴影效果，并且可以对投影的颜色、大小、清晰度进行控制。

打开素材图片"中国梦.psd"，在给"梦"字设置 1 像素白色"描边"的基础上，给"梦"字设置"投影"效果，具体参数按图 4-24 中右侧的"图层样式"对话框所示进行设置，效果如图 4-24 左侧所示。

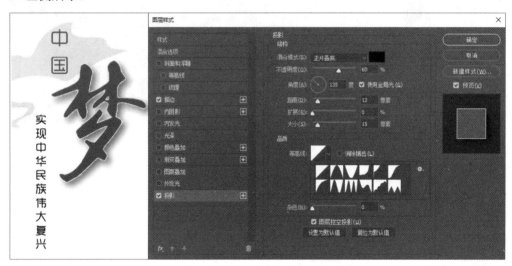

图 4-24 "投影"效果

（1）"结构"选项区域

在设置投影效果时，在"结构"选项区域中可以设置投影的不透明度、角度、距离等参数，以控制投影的变化。

● 混合模式：选择投影的混合模式，在其右侧有一个颜色块，单击它可以在打开的对话框中选择阴影颜色。

● 不透明度：设置投影的不透明度，数值越大投影颜色越深。

● 角度：用于设置光线照射的角度，阴影的方向会随角度的变化而变化。

● 使用全局光：可以为同一图像中的所有图层样式设置相同的光线照射角度。

● 距离：设置阴影的距离，取值范围为 0～30000，数值越大距离越远。

● 扩展：设置光线的强度，取值范围为 0%～100%，数值越大投影效果越强烈。

● 大小：设置投影柔滑效果，取值范围为 0～250，数值越大柔滑程度越大。

（2）"品质"选项区域

在该选项区域中，可以控制投影的程度。具体包含如下选项。

● 等高线：可以选择一个已有的等高线效果应用于阴影，也可以单击后面的选框进行编辑。

● 消除锯齿：选中该复选框后，可以消除投影的边缘锯齿。

- 杂色：设置投影中随机混合元素的数量，取值范围为 0%～100%，数值越大随机元素越多。
- 图层挖空投影：选中该复选框后，可控制半透明图层中投影的可视性。

12. 混合选项

"混合选项"用来控制图层的不透明度及当前图层与其他图层的像素混合效果。执行"图层"→"图层样式"→"混合选项"命令，打开"混合选项"图层样式对话框。对话框中包含两组混合滑块，即"本图层"滑块和"下一图层"滑块。它们用来控制当前图层和下面图层在最终的图像中显示的像素，通过调整滑块可根据图像的亮度范围，快速创建透明区域。

下面通过一个实例来学习"混合选项"的使用。

1）打开"白云.jpg"和"龙脊梯田.jpg"文件，如图 4-25 所示，将"蓝天白云.jpg"拖至"龙脊梯田.jpg"画面中，得到图层 1。

a)　　　　　　　　　　　　b)

图 4-25　混合选项图像素材

a)"白云"素材图像　b)"龙脊梯田"素材图像

2）双击图层 1 的缩略图，进入"混合选项"图层样式对话框，如图 4-26 所示的虚线方框内为原图像以及改变前的混合色带。

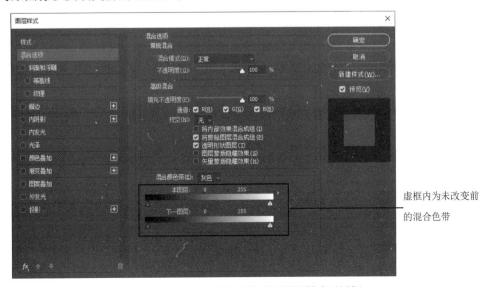

图 4-26　"混合选项"图层样式对话框

3）向右侧拖动"混合颜色带"的黑色滑块，如图 4-27 所示，可以看出白云围绕在雪山的周围，已经基本得到了需要的效果，只是不够细腻。

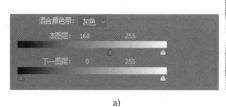

a)   b)

图 4-27　拖动滑块后的图像效果

a) 拖动黑色滑块至 190　b) 图像发生的变化

4）要取得柔和的效果，按住〈Alt〉键单击黑色或者白色滑块，将滑块拆分为两个小滑块，分别移动拆分后的滑块，可以控制图像混合时的柔和程度，如图 4-28 所示。

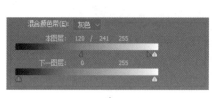

a)   b)

图 4-28　黑色滑块拆分后的图像效果

a) 将黑色滑块分离开　b) 图像发生的变化

可见，"本图层"滑块用来控制当前图层上将要混合并出现在最终图像中的像素范围。将左侧黑色滑块向中间移动时，当前图层中所有比该滑块所在位置暗的像素都将被隐藏起来，被隐藏的区域会被显示为透明状态。

注意：将滑块分成两部分后，右半侧滑块所在位置的像素为不透明像素，而左半侧滑块所在位置的像素为完全透明的像素，两个滑块中间部分的像素会显示为半透明效果。

上述方法特别适合于混合有柔和、不规则边缘的云、烟、雾或火等图像。

4.1.6　自定义与修改图层样式

1. 自定义图层样式

4-5
自定义与修改
图层样式

"图层样式"按钮 *fx* 用于设置图层的各种效果。例如，单击"图层样式"按钮 *fx*，选择"混合选项"命令，打开"图层样式"对话框。在"图层样式"对话框中单击"新建样式"按钮，在弹出的"新建样式"对话框中设置样式的名称，然后在"图层样式"对话框中就可以查看到自定义的样式，如图 4-29 所示。

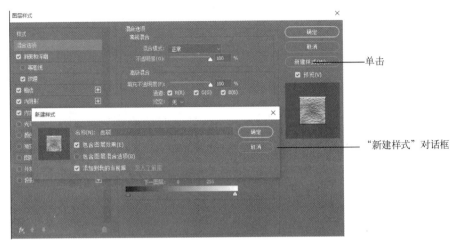

图 4-29　自定义图层样式

在"样式"面板中（见图 4-30）有很多预设样式，只要选中需要应用样式的图层，比如图 4-31 中左侧的绿色圆环，单击该面板中的"翡翠"样式图标即可应用该样式，效果如图 4-31 中右侧所示。

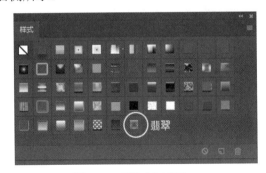

图 4-30　"样式"面板

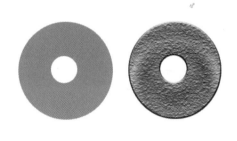

图 4-31　应用"翡翠"样式的效果

2. 修改与复制图层样式

添加完成图层样式后，还可以使用相同的方法再次打开"图层样式"对话框，修改样式参数，改变样式效果。

通过复制图层样式，还可以将相同的效果添加到多个图层中。在图层名称的右侧右击，选择"拷贝图层样式"命令，在要粘贴的图层名称右侧右击，选择"粘贴图层样式"命令，就完成了图层样式的复制。

3. 缩放样式效果

对于复制的带有图层样式的图像，对其大小进行调整，添加的样式参数不会变，但会与原效果产生差别，如图 4-32 所示。

要获得与图像比例一致的效果，需要单独对效果进行缩放。此时，可以选择复制后的图层，执行"图层"→"图层样式"→"缩放图层效果"命令，在打开的对话框中设置"缩放"参数，即可得到理想的效果。

图 4-32　缩放带样式的图层内容

4.1.7　案例实现过程

本案例完成翡翠吊坠制作，具体操作步骤如下。

1）执行"文件"→"新建"命令（快捷键为〈Ctrl+N〉）新建一个文件，并命名为"翡翠吊坠.psd"，宽度和高度都为 8 厘米、分辨率为 300 像素/英寸、背景为白色。

4-6
翡翠吊坠制作

2）执行"视图"→"标尺"命令（快捷键为〈Ctrl+R〉），显示图像的标尺。在标尺 4 厘米处拉出垂直和水平两条参考线（注意：拉至近中间处时，参考线会抖动一下，这时停一下，即水平或垂直的中心线）。拉出相互垂直的两条参考线后，确定图像的中心点，如图 4-33 所示。

3）执行"文件"→"置入嵌入对象"命令，选择素材文件"商周纹样图案.tif"，使用移动工具将图案放置到画布中间，如图 4-34 所示。

图 4-33　显示标尺并设置辅助线

图 4-34　导入商周纹样图案

4）双击"商周纹样图案"图层的缩略图，弹出"图层样式"对话框，选中"斜面与浮雕"复选框，设置"样式"为"内斜面"，"方法"为"平滑"，"方向"为上，"大小"为"5 像素"，"柔化"为"2 像素"，"角度"为"135 度"，靠近中心点的位置设置"使用全局光"，"光泽等高线"为默认的"线性"，"不透明度"为"75%"，"阴影模式"为"正片叠底"。所有参数不是固定的，可以观察图像反复调整，直到满意为止。效果如图 4-35 所示。

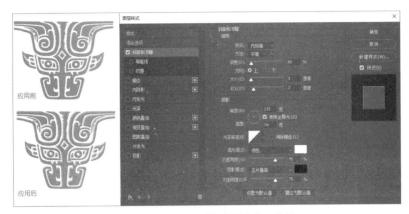

图 4-35　添加"斜面和浮雕"效果

5）接着选中"光泽"复选框，设置"混合模式"为"颜色加深"，色块为"翠绿色"（#61fa03），"不透明度"为"50%"，"角度"为"45 度"，"距离"为"20 像素"，"大小"为"200 像素"，距离和大小可边观察图像边调整，直到满意为止。效果如图 4-36 所示。

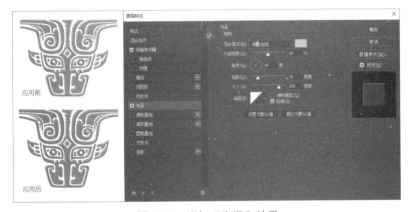

图 4-36　添加"光泽"效果

6）设置"图案叠加"效果，设置"混合模式"为"排除"（可以尝试使用减去、差值、实色混合模式，效果都很好），"不透明度"为 60%，"图案"选择"云彩"，"缩放"设置为"652%"（可以自行调整修改）。效果如图 4-37 所示。

图 4-37　添加"图案叠加"后的效果

7）设置"内发光"效果，设置"混合模式"为"变亮"，"不透明度"为"60%"，色块为

"绿色"（#55c90e），设置"方法"为"柔和"，"源"为"边缘"，"阻塞"为"20%"，"大小"为"30 像素"。效果如图 4-38 所示。

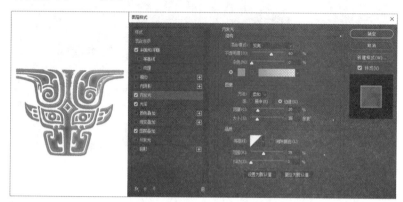

图 4-38　添加"内发光"效果

8）为增加整体的立体感，设置"投影"效果。设置"混合模式"为"正片叠底"，"不透明度"为 20%，光源"角度"为"135 度"，选中"使用全局光"复选框，"距离"设置为"30 像素"，"扩展"设置为"10%"，"大小"为"9 像素"，"等高线"选择"半圆"。效果如图 4-39 所示。

图 4-39　添加"投影"效果

9）如果还想进一步加强整体效果，可以添加"内阴影"效果。设置"混合模式"为"正片叠底"，"不透明度"为 75%，光源"角度"为"135 度"，选中"使用全局光"复选框，"距离"设置为"28 像素"，"大小"为"60 像素"，"等高线"选择"锯齿 1"。效果如图 4-40 所示。

图 4-40　添加"内阴影"效果

10）为增加整个吊坠的厚重感，执行"文件"→"置入嵌入对象"命令，选择素材文件"商周纹样背景图案.tif"（见图 4-41），将其放置在最下层，调整其位置，效果如图 4-42 所示。

图 4-41　"商周纹样背景图案"　　　　　　图 4-42　设置"商周纹样背景图案"

11）选择"商周纹样图案"图层，在图层名称上右击，选择"拷贝图层样式"命令，然后选择"商周纹样背景图案"图层，在图层名称上右击，选择"粘贴图层样式"命令。这样，就完成了图层样式的复制。至此，翡翠吊坠制作完成。

4.1.8　应用技巧

下面来介绍一些图层样式使用过程中的常用技巧。

技巧 1：如果只想要显示某个图层，只需要按住〈Alt〉键单击该图层的"指示图层可视性"图标即可将其他图层隐藏，再次单击则显示所有图层。

技巧 2：要改变当前活动工具或图层的不透明度，可以使用数字键。按〈1〉键代表 10%的不透明度，按〈5〉键则代表 50%的不透明度。而按〈0〉键则代表 100%的不透明度。而连续地按下数字，例如按〈4〉+〈5〉键，则会得出一个不透明度为 45%的结果。

 注意：上述方法会影响到当前活动的画笔工具，因此，如果想要改变活动图层的不透明度，请在改变前先切换到移动工具或是其他选择工具。

技巧 3：按住〈Alt〉键的同时拖动鼠标到新图层，同样也可以复制图层样式。

技巧 4：如果不想使用图层样式了，可以执行"图层"→"图层样式"→"隐藏所有效果"命令，也可以直接单击样式前面的"眼睛"图标。

技巧 5：如果想使用一些预设的样式，可以在"样式"面板中执行"载入样式"命令将外部样式加载到"样式"面板中。

4.2　案例 2：全民健身多彩运动鞋广告设计

全民运动，强国有我。中国体育独特的气质，将指引一代代中国人奋勇向前，昂扬向上。这里设计一个运动鞋的创意广告，制作完成后的效果如图 4-43 所示。

图 4-43　多彩运动鞋广告设计

4.2.1　认识图层混合模式

数字图像处理过程中进行混合图像时，图层的混合模式是最为有效的技术之一，恰当地对两幅或多幅图像使用混合模式，能够轻松地制作出图像间相互隐藏、叠加、混融为一体的效果。简单地讲，就是将底层的基色与上层的混合色融合，从而得出结果色，也就是下层图像与上层图像相混合得出新的图像效果。

Photoshop 将混合模式分为 6 类 27 种混合形式，即组合模式（正常、溶解）、加深混合模式（变暗、正片叠底、颜色加深、线性加深、深色）、减淡混合模式[变亮、滤色、颜色减淡、线性减淡（添加）、浅色]、对比混合模式（叠加、柔光、强光、亮光、线性光、点光、实色混合）、比较混合模式（差值、排除、减去、划分）、色彩混合模式（色相、饱和度、颜色、明度）。

图层混合模式的具体应用方式如下所示。

1）打开图片"爱国.tif"（见图 4-44）和"长城.tif"（见图 4-45）。

图 4-44　"爱国"图片　　　　　　　　　　图 4-45　"长城"图片

2）使用移动工具➕将"长城.tif"图像拖至"爱国.tif"图像中，如图 4-46 所示，设置"长城"图层的混合模式为"正片叠底"，效果如图 4-47 所示。

图 4-46 正常图层

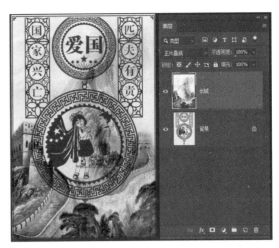
图 4-47 "正片叠底"的效果

依此使用方法，试验其他各种混合模式。

常用的混合模式包括正片叠底、线性叠加、滤色模式、颜色减淡、线性减淡、叠加模式、柔光模式、颜色模式和明度模式等。

4.2.2 详解图层混合模式

下面以图 4-48 所示的两幅素材图像为例，分别介绍各种混合模式的作用与效果。

4-7
详解图层混合模式

1. 组合混合模式

组合模式中包含"正常"和"溶解"两种模式。它们需要配合使用不透明度才能产生一定的混合效果。

a)

b)

图 4-48 两幅素材图像

a) 底层背景图像：绿草地　b) 上层混合图像：彩色蝴蝶

- 正常模式：调整上面图层的不透明度可以使当前图像与底层图像产生混合效果，在此模式下形成的合成色或者着色作品不会用到颜色的相减属性。将彩色蝴蝶放置到绿色草地上，正常模式的效果如图 4-49 所示，除了周围透明的部分，中间的蝴蝶部分正常显示，表现为正常图层效果。

- 溶解模式：特点是配合调整不透明度可创建点状喷雾式的图像效果，不透明度越低，像素点越分散。将彩色蝴蝶放置到绿色草地上，设置不透明度为 90%时，溶解模式的效果如图 4-50 所示，可见蝴蝶本身与彩条部分的颗粒效果。利用这种模式可以营造出下雪的感觉。

图 4-49　正常模式效果

图 4-50　溶解模式效果

2. 加深混合模式

加深混合模式可将当前图像与底层图像进行比较，使底层图像变暗。简单来说，就是去掉亮部，暗部混合。

- 变暗模式：自动检测颜色信息，对混合的两个图层相对应区域 RGB 通道中的颜色亮度值进行比较，在混合图层中，比基色图层暗的像素保留，亮的像素用基色图层中暗的像素替换。总的颜色灰度级降低，造成变暗的效果。
- 正片叠底模式：特点是可以使当前图像中的白色完全消失，将上下两层图层像素颜色的灰度级进行乘法计算，获得灰度级更低的颜色而成为合成后的颜色。图层合成后的效果，简单地说，是低灰阶的像素显现而高灰阶不显现（即深色显示而浅色不显示，黑色灰度级为 0，白色灰度级为 255）。如图 4-51 所示，设置了正片叠底模式后，蝴蝶图层中较浅的颜色由下一图层较深的颜色代替。参考正片叠底的计算公式（结果色 = 混合色×基色/ 255），就可以理解它使图像变暗的原理了。
- 颜色加深模式：会加暗图层的颜色值，加上的颜色越亮，效果越细腻。让底层的颜色变暗。有点类似于正片叠底，但又有不同，它会根据叠加的像素颜色相应增加对比度。和白色混合没有效果。
- 线性加深模式：线性加深模式与正片叠底模式的效果相似，但产生的对比效果更强烈，相当于正片叠底与颜色加深模式的组合。
- 深色模式：比较混合色和基色的所有通道的总和，并显示值较小的颜色，直接覆盖底层图像中暗调区域的颜色，底层图像中包含的亮度信息不变，被当前图像中的暗调信息所取代，从而得到最终效果。图 4-52 为设置了深色模式后的效果，可以通过对比某个点，观察颜色的暗调部分。

图 4-51　正片叠底模式效果

图 4-52　深色模式效果

3. 减淡混合模式

在 Photoshop 中每一种加深模式都有一种完全相反的减淡模式相对应。减淡模式的特点是当前图像中的黑色将会消失，任何比黑色亮的区域都能加亮底层图像。

- 变亮模式：对混合的两个图层相对应区域 RGB 通道中的颜色亮度值进行比较，取较高的像素点为混合之后的颜色，使得总的颜色灰度的亮度升高，造成变亮的效果。用黑色合成图像时无作用，用白色时则仍为白色。图 4-53 为设置了变亮模式后的效果，蝴蝶图层中较深的颜色由下一图层较亮的颜色代替。
- 滤色模式：特点是可以使图像产生漂白的效果。滤色模式与正片叠底模式产生的效果相反。参考滤色模式的计算公式（结果色=255-混合色的补色×基色的补色/255），就可以理解它使图像变亮的原理。
- 颜色减淡模式：特点是可加亮底层的图像，同时使颜色变得更加饱和，由于对暗部区域的改变有限，因而可以保持较好的对比度。
- 线性减淡（添加）模式：它与滤色模式相似，但是可产生更加强烈的对比效果。
- 浅色模式：与加深混合模式中的"深色"模式相对应。根据当前图像的饱和度直接覆盖底层图像中高光区域的颜色。以高光色调取代底层图像中包含的暗调区域。"浅色"模式可反映背景较暗图像中的亮部信息，用高光颜色取代暗部信息，效果如图 4-54 所示。

图 4-53　变亮模式效果

图 4-54　浅色模式效果

4．对比混合模式

它综合了加深混合模式和减淡混合模式的特点，在进行混合时与 50%的灰色对比，50%的灰色会完全消失，任何亮于 50%灰色的区域都可能加亮下面的图像，而暗于 50%灰色的区域都可能使底层图像变暗，从而增加图像的对比度。

- 叠加模式：特点是在为底层图像添加颜色时，可保持底层图像的高光和暗调。
- 柔光模式：可产生比叠加模式或强光模式更为精细的效果。
- 强光模式：特点是可增加图像的对比度，它相当于正片叠底和滤色的组合。
- 亮光模式：特点是混合后的颜色更为饱和，可使图像产生一种明快感，它相当于颜色减淡和颜色加深的组合。
- 线性光模式：特点是可使图像产生更高的对比度效果，从而使更多区域变为黑色和白色，它相当于线性减淡和线性加深的组合。
- 点光模式：特点是可根据混合色替换颜色，主要用于制作特效，它相当于变亮与变暗模式的组合。
- 实色混合模式：特点是可增加颜色的饱和度，使图像产生色调分离的效果。

5．比较混合模式

比较混合模式可比较当前图像与底层图像，然后将相同的区域显示为黑色，不同的区域显示为灰度层次或彩色。

- 差值模式：特点是当前图像中的白色区域会使图像产生反相的效果，而黑色区域则会越接近底层图像。
- 排除模式：排除模式可比差值模式产生更为柔和的效果。
- 减去模式：与差值模式类似，用下层图像颜色的亮度值减去当前图像颜色的亮度值，并产生反相效果。上层图像越亮混合后的效果越暗，与白色混合后为黑色，上层为黑色时混合后无变化。
- 划分模式：比较当前图像与底层图像，然后将混合后的区域划分为白色、黑色或饱和度较高的色彩。上层图像越亮混合后的效果变化越不明显，与白色混合没有变化；上层图像为黑色，混合后图像基本变为白色。

6．色彩混合模式

色彩的三要素是色相、饱和度和亮度，使用色彩混合模式合成图像时，Photoshop 会将三要素中的一种或两种应用在图像中。

- 色相模式：它适合于修改彩色图像的颜色，该模式可将当前图像的基本颜色应用到底层图像中，并保持底层图像的亮度和饱和度。
- 饱和度模式：特点是可使图像的某些区域变为黑白色。该模式可将当前图像的饱和度应用到底层图像中，并保持底层图像的亮度和色相。
- 颜色模式：特点是可将当前图像的色相和饱和度应用到底层图像中，并保持底层图像的亮度。
- 明度模式：特点是可将当前图像的明度应用于底层图像中，并保持底层图像的色相与饱和度。

4.2.3 综合应用图层混合模式

下面以制作书法艺术网页效果图为例，展示一下混合模式的综合应用。

4-8
综合应用图层
混合模式

1）启动 Photoshop 软件，然后执行"文件"→"新建"命令，创建"书法家庄辉个人网站主页效果图.psd"文件，宽度为 984 像素、高度为 600 像素，其他参数按默认设置。

2）在背景层中，从工具箱中选择渐变工具 ，取前景色为深褐色（#b27516），背景色为浅褐色（#c9ac78），接着在选项栏中选取渐变填充（对称渐变 ），简单拖动鼠标后形成渐变的背景图像，如图 4-55 中。

3）打开图片"书法.jpg"，如图 4-56 所示，然后对其执行"图像"→"调整"→"反相"命令，最后将其拖入背景图中，设置层名为"书法"，设置混合模式为柔光，不透明度为 30%，如图 4-57 所示。

图 4-55 背景过渡素材

图 4-56 书法作品素材

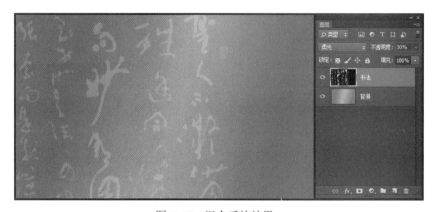

图 4-57 混合后的效果

4）采用同样的方法将素材文件夹中的"墨竹.jpg"（如图 4-58 所示）进行类似的操作，调整图层的大小与位置后的效果如图 4-59 所示。

图 4-58 "墨竹"素材

图 4-59 墨竹和书法与背景混合后的效果图

5）打开图片"墨迹.jpg"，如图 4-60 所示，将其拖入背景图中，设置层名为"墨迹"，设置混合模式为"正片叠底"，如图 4-61 所示。

图 4-60　"墨迹"素材

图 4-61　墨迹正片叠底混合后的效果图

6）打开图片"毛笔.jpg"，如图 4-62 所示，使用魔术棒工具，选择白色区域，执行"选择"→"反向"命令（快捷键为〈Ctrl+Shift+I〉），选取毛笔将其复制并粘贴到图像中，调整好毛笔与墨迹的位置，将毛笔图层设置图层样式，设置投影效果增加立体感，设置不透明度为"44%"，角度为"90"，距离为"8 像素"，大小为"2 像素"，放入图像中的效果如图 4-63 所示。

图 4-62　"毛笔"素材

图 4-63　毛笔与墨迹混合后的效果

7）打开图片"无名山人.jpg"，使用魔术棒工具，选择黑色字体的局部区域，例如选中"山"字，然后执行"选择"→"选取相似"命令，选中"无名山人作品集"题字的黑色区域，如图 4-64 所示，复制黑色区域，粘贴到效果图中，最后将"无名山人作品集"文字图层执行"描边"图层样式，其中颜色为"金黄色（#fef5b6）"，大小为"3 像素"，效果如图 4-65 所示。

图 4-64　"无名山人作品集"选区

图 4-65　"无名山人作品集"放入效果图后的效果

8）打开图片"书法家.jpg"，使用"多边形套索工具"将照片中的人物选取出来（如图 4-66 所示），复制并粘贴到效果图中，调整人物的大小与位置，最后设置人物的图层样式为外发光效果，设置不透明度为"50%"，颜色为"白色渐变为透明"，扩展为"14%"，大小为"21 像素"，如图 4-67 所示。

图 4-66 选取"书法家"选区

图 4-67 书法家照片放入效果图后的效果

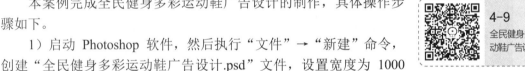

4.2.4 案例实现过程

本案例完成全民健身多彩运动鞋广告设计的制作，具体操作步骤如下。

1）启动 Photoshop 软件，然后执行"文件"→"新建"命令，创建"全民健身多彩运动鞋广告设计.psd"文件，设置宽度为 1000 像素、高度为"720 像素"、分辨率为"300 像素/英寸"，颜色模式为"RGB 颜色"，背景内容为"黑色"。

4-9
全民健身多彩运动鞋广告设计

2）打开素材"运动鞋.jpg"，使用多边形套索工具选取左侧的运动鞋（见图 4-68），执行"编辑"→"拷贝"命令（快捷键为〈Ctrl+C〉），切换到新建文档中，执行"编辑"→"粘贴"命令（快捷键为〈Ctrl+V〉），将运动鞋粘贴到文档中，调整其位置后的效果如图 4-69 所示。

图 4-68 选取"运动鞋"素材

图 4-69 粘贴运动鞋后的效果

3）执行"文件"→"置入嵌入对象"命令，置入花朵素材"黄菊花.png"，将其调整到合适的位置，如图 4-70 所示。执行"图层"→"栅格化"→"智能对象"命令，设置该图层混合模式为"强光"，效果如图 4-71 所示。

图 4-70　置入"黄菊花"素材

图 4-71　设置"强光"模式后的效果

4）选择"菊花"图层，执行"图层"→"复制图层"命令（快捷键为〈Ctrl+J〉），调整其位置，设置图层混合模式为"明度"，实现将菊花的明度应用于运动鞋图像，并保持底层运动鞋图像的色相与饱和度，效果如图 4-72 所示。

5）按住〈Ctrl〉键，单击"运动鞋"图层，选取运动鞋，执行"选择"→"反选"命令（快捷键为〈Ctrl+Shift+I〉）完成选区的反选，按〈Delete〉键将多余的菊花删除，效果如图 4-73 所示。

图 4-72　设置"菊花"副本为明度模式

图 4-73　删除多余的菊花后的效果

6）执行"文件"→"置入嵌入对象"命令，置入素材"彩条.jpg"，将其调整到合适的位置，旋转一定角度（见图 4-74）。执行"图层"→"栅格化"→"智能对象"命令，设置该图层混合模式为"叠加"，按住〈Ctrl〉键，单击"运动鞋"图层，选取运动鞋，执行"选择"→"反选"命令（快捷键为〈Ctrl+Shift+I〉）完成选区的反选，按〈Delete〉键将多余的彩条删除，效果如图 4-75 所示。

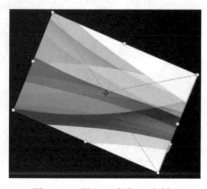

图 4-74　置入"彩条"素材

图 4-75　设置叠加模式后的效果

7）执行"文件"→"置入嵌入对象"命令，置入素材"炫光.jpg"，将其调整到合适的位置，旋转一定角度（见图 4-76）。执行"图层"→"栅格化"→"智能对象"命令，设置该图层混合模式为"线性减淡（添加）"，同时设置其不透明度为 60%。选择橡皮擦工具，右击，选择画笔为"柔边缘"，大小为"160 像素"，然后将炫光边缘擦除，效果如图 4-77 所示。

8）选择"炫光"图层，执行"图层"→"复制图层"命令（快捷键为〈Ctrl+J〉），调整其位置，再次复制一个同样的图层，并调整其位置，效果如图 4-78 所示。

图 4-76　置入"炫光"素材

图 4-77　设置线性减淡模式后的效果

9）新建一个图层，命名为"光斑"。选择画笔工具，右击，选择"特殊效果画笔"下的"滴水水彩"画笔，设置画笔大小为"100 像素"（见图 4-79），设置前景色为红色，在"光斑"图层单击，绘制红色水彩，效果如图 4-80 所示。采用同样的方法，调整画笔大小，更换前景颜色，如绿色或者橙色。绘制后设置"光斑"图层的不透明度为40%，此时效果如图 4-81 所示。

10）执行"文件"→"置入嵌入对象"命令，置入素材"翅膀.png"，调整大小，右击，执行"水平翻转"命令，调整位置，如图 4-82 所示。

图 4-78　复制"炫光"效果

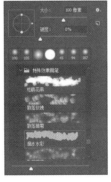

图 4-79　设置画笔

图 4-80　绘制红色水彩效果

图 4-81　绘制整个光斑效果

11）执行"图层"→"排列"→"置于底层"命令（快捷键为〈Ctrl+Shift+[〉），效果如图 4-83 所示。

图 4-82　调整"翅膀"的位置　　　　　　　　图 4-83　将"翅膀"至于底层的效果

12）执行"文件"→"置入嵌入对象"命令，置入素材"全民健身.jpg"，将其调整到合适的位置，调整大小（见图 4-84）。执行"图层"→"栅格化"→"智能对象"命令，将其转换为普通图层。使用魔棒工具选择白色，执行"选择"→"选取相似"命令，将白色都选中，按〈Delete〉键将白色删除，效果如图 4-85 所示。

13）选择"全民健身"图层，单击"图层样式"按钮 *fx.*，选中"外放光"复选框，设置颜色为"白色"，扩展为"20%"，大小为"15 像素"。最终效果如图 4-43 所示。

图 4-84　置入"全民健身"文字　　　　　　　　图 4-85　删除白色背景后的效果

4.2.5　应用技巧

在使用 Photoshop 图层时，有很多技巧，如果能熟练掌握，则能大大提高工作效率。

技巧 1：按住〈Ctrl〉键的同时在"图层"面板单击相关图层，单击"图层"面板底部的"删除图层"按钮，能够将所有相关的图层同时删除。

技巧 2：当前在使用移动工具或是按〈Ctrl〉键时，在画布的任意位置右击，都能够在指针之下得到一个图层的列表，按照从最上面的图层到最下面的图层的顺序排列，在列表中选择一个图层的名称则能够让这个图层处于活动状态。

技巧 3：如果要降低一个图层中某部分的不透明度，可先创建一个选区，然后按下〈Shift+Backspace〉组合键来访问"填充"对话框，将混合模式设置为"清除"，接着为需要设置不透明度的选区做出设置。

技巧 4：要在文档之间拖动多个图层，可以先将它们链接起来，然后使用"移动工具"将它们从一个文档窗口拖到另一个文档窗口中。

技巧 5：如果要将几个可见图层进行向下合并，可以先将它们链接起来，然后执行"向下合并"命令，如果当前图层有与其他图层链接的，那么此时这个命令就变成了合并链接图层的命令了。

4.3 项目实践

1. 根据所学习的图层样式设置方法，制作如图 4-86 所示的"梦想"艺术字效果。

图 4-86 "梦想"艺术字效果

2. 根据图 4-87 所示的两幅素材，通过设置图层的混合模式，制作图 4-88 所示的效果。

图 4-87 图像素材　　　　　　　　　　　　　图 4-88 人与城市的混合效果

模块 5　图像调色

5.1　案例 1：单色调怀旧照片的制作

调整色彩与色调是图像处理中一项非常实用且重要的内容。Photoshop 提供了丰富而强大的色彩与色调的调整功能，图像色调的调整是对图像明暗关系及整体色调的调整。在图像编辑过程中，为了表现某种艺术感觉，经常需要将图像中的色调更改为另一种色调，比如红色调更改为绿色调，体现生机勃勃的气氛。本节通过对色调的调整来完成单色调怀旧照片的制作，效果如图 5-1 所示。

a)　　　　　　　　　　　　　　　　　　　　b)

图 5-1　单色调怀旧照片的制作

a) 原照片　b) 调整后的单色调怀旧照片

5.1.1　认识颜色的基本属性

色彩是人对事物的第一视觉印象，具有先声夺人的艺术魅力，作为一种独立的语言，它本身就具有强烈的表现力。对于优秀的作品，其成功很大程度上在于对色彩的运用，张弛有度的色彩可以产生对比效果，使图像显得更加绚丽，同时激发人的感情和想象；色相、饱和度和明度这三个色彩要素，共同构成人类视觉中完整的颜色表相。因此，了解并掌握一定的色彩知识是十分必要的。

1. 色相

色相指的是色的相貌，它可以包括很多色彩，光学三原色为红、蓝、绿，而在光谱中最基本的色相可分为红、橙、黄、绿、蓝、紫六种颜色。

2. 饱和度

饱和度指的是色彩的鲜艳程度，也称为纯度。从科学角度讲，一种颜色的鲜艳程度取决于这一色相反射光的单一程度。当一种颜色所含的色素越多，饱和度就越高，明度也会随之提高。

3．明度

明度指的是色彩的明暗程度或深浅程度，它是色彩的"骨骼"，具有一种不依赖于其他性质而单独存在的特性，当色相与纯度脱离了明度就无法显现。

5.1.2　认识颜色的含义

色彩在人们的生活中是有丰富的感情和含义的。比如，红色能让人联想起玫瑰，觉得喜庆，感到兴奋等。不同的颜色含义也各不相同，表 5-1 为颜色含义一览表。

表 5-1　颜色含义一览表

颜色	含义	具体表现	抽象表现
红色	一种对视觉器官产生强烈刺激的颜色，在视觉上容易引起注意，在心理上容易引起亢奋，给人以冲动、愤怒、热情、活力的感觉	火、血、心、苹果、夕阳、婚礼和春节等	热烈、喜庆、危险和革命等
橙色	一种对视觉器官产生强烈刺激的颜色，由红色和黄色组成，比红色多些明亮的感觉，容易引起注意	橙子、柿子、橘子、秋叶、砖头和面包等	快乐、温情、积极、活力、欢欣、热烈、温馨和时尚等
黄色	一种对视觉产生明显刺激的颜色，容易引起注意	香蕉、柠檬、黄金、蛋黄和帝王等	光明、快乐、豪华、注意、活力、希望和智慧等
绿色	对视觉器官的刺激较弱，介于冷暖两种色彩的中间，给人以和睦、宁静、健康、安全的感觉	草、植物、竹子、森林、公园、地球和安全信号等	新鲜、春天、有生命力、和平、安全、年轻、清爽和环保等
蓝色	对视觉器官的刺激较弱，在光线不足的情况下不易辨认，具有缓和情绪的作用	水、海洋、天空和游泳池等	稳重、理智、高科技、清爽、凉快和自由等
紫色	由蓝色和红色组成，对视觉器官的刺激正好综合强弱，形成中性色彩	葡萄、茄子、紫菜、紫罗兰和紫丁香等	神秘、优雅、女性化、浪漫和忧郁等
褐色	在橙色中加入一定比例的蓝色或黑色所形成的暗色，对视觉器官刺激较弱	麻布、树干、木材、皮革、咖啡和茶叶等	原始、古老、古典、稳重和男性化等
白色	自然日光是由多种有色光组成的，白色是光明的颜色	光，白天、白云、雪、兔子、棉花、护士服和婚纱等	纯洁、干净、善良、空白、光明和寒冷等
黑色	为无色相、无纯度之色，对视觉器官的刺激最弱	夜晚、头发、木炭、墨和煤等	罪恶、污点、黑暗、恐怖、神秘、稳重、科技、高贵、不安全、深沉、悲哀和压抑等
灰色	由白色与黑色组成，对视觉器官刺激微弱	金属、水泥、砂石、阴天、乌云和老鼠等	柔和、科技、年老、沉闷、暗淡、空虚、中性、中庸、平凡、温和、谦让、中立和高雅等

5.1.3　查看图像的颜色分布

一个好的设计对色彩的要求十分苛刻，在对色彩的调整过程中，应该对所制作的作品的色彩有一个全面的认识和了解，再根据需要做出正确的判断与修正，以达到一个较为完美的效果。查看图像的颜色分布，主要通过"信息"面板和"直方图"面板实现。

1．"信息"面板

"信息"面板与颜色取样器工具可用来读取图像中一个像素的颜色值，从而客观地分析颜色校正前后图像的状态。在使用各种色彩调整对话框时，"信息"面板都会显示像素的两组像素值，即像素原来的颜色值和调整后的颜色值。而且，用户可以使用吸管工具查看单独区域的颜色，如图 5-2 所示。

图 5-2　单独区域的颜色信息

2."直方图"面板

为了便于了解图像的色调分布情况，Photoshop 提供了"直方图"面板，用图形的形式表示图像每个亮度级别的像素数量，为校正色调和颜色提供依据。"直方图"面板主要包含了平均值、标准偏差、中间值、像素、高速缓存级别、色阶、数量、百分位等信息，如图 5-3 所示。

图 5-3　"直方图"面板

5.1.4　使用自动命令调色

1."自动色调"命令

"自动色调"命令可以根据图像整体颜色的明暗程度进行自动调整，使亮部与暗部的颜色按一定的比例分布。所以"自动色调"命令常用于校正图像常见的偏色问题。

2."自动对比度"命令

"自动对比度"命令可以让系统自动调整图像中颜色的总体对比度和混合颜色，它将图像中最亮和最暗的像素映射为白色和黑色，使高光显得更亮，而暗调显得更暗。所以"自动对比度"命令常用于校正图像对比度过低的问题。

3."自动颜色"命令

"自动颜色"命令可以让系统对图像的颜色进行自动校正。若图像有偏色与饱和度过高的现象，使用该命令可以进行自动调整。所以"自动颜色"命令常用于校正图像中的颜色偏差问题。

5.1.5　调整图像的明暗

1. "色阶"命令

"色阶"命令通过将每个通道中最亮和最暗的像素定义为白色和黑色，然后按比例重新分配中间像素值来调整图像的色调，从而校正图像的色调范围和色彩平衡。

5-1
运用"色阶"命令调整色彩

运用"色阶"命令来调整图像的具体方法如下。

1）打开素材文件夹中的图像文件"池塘.jpg"，如图 5-4 所示。

2）执行"图像"→"调整"→"色阶"命令（快捷键为〈Ctrl+L〉），如图 5-5 所示。

图 5-4　"池塘"素材图像

图 5-5　"色阶"命令

3）弹出"色阶"对话框，如图 5-6 所示。

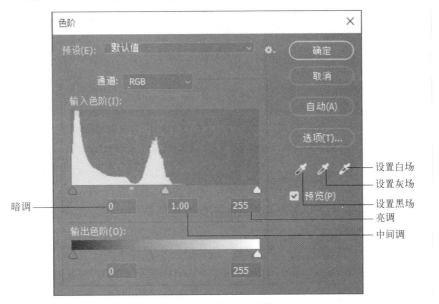

图 5-6　"色阶"对话框

对"色阶"对话框中的一些参数说明如下。

- 预设：Photoshop 中自带的调整方案。
- 通道：可以选择需要调整的通道。
- 自动：系统会自动调整整个图像的色调。

- 设置黑场：用该吸管在图像上单击，可以将图像中所有像素的亮度值减去吸管单击处的像素的亮度值，从而使图像变暗。
- 设置灰场：用该吸管在图像上单击，将用该吸管单击处的像素中的灰点来调整图像的色调分布。
- 设置白场：用该吸管在图像上单击，可以将图像中所有像素的亮度值加上吸管单击处的像素的亮度值，从而使图像变亮。
- 输入色阶：分别拖动下方的黑、灰、白三色滑块，或在相应的数值框中输入数值，可以对应地改变照片的阴影、中间调和高光，从而增加图像的对比度。向左拖动白色滑块或者灰色滑块，可以增加图像亮度；向右拖动黑色滑块或者灰色滑块，可以使图像变暗。
- 输出色阶：拖动下面的黑、白滑块，或者在数值框中输入数值，可以重新定义图像的阴影和高光值，以降低图像的对比度。其中，向右拖动黑色滑块，可以降低图像暗部的对比度，从而使图像变亮；向左拖动白色滑块，可以降低图像亮部的对比度，从而使图像变暗。

4）设置"输入色阶"的参数依次为 0、1.9、120，如图 5-7 所示。

5）单击"确定"按钮，即可运用"色阶"命令调整图像，效果如图 5-8 所示。

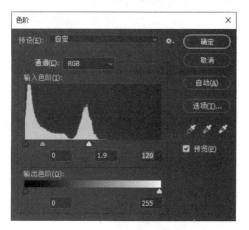

图 5-7 调整后的"色阶"对话框

图 5-8 调整色阶后的效果

2. "曲线"命令

5-2
运用"曲线"命令调整色彩

使用"曲线"命令，可以对图像的亮调、中间调和暗调进行适当调整，其最大的特点是可以对某一范围内的图像进行色调的调整，而不影响其他图像的色调。

使用"曲线"命令调整反差过小的图像，具体操作步骤如下。

1）打开素材文件夹中的"飞向蓝天.jpg"图像，素材图像与"直方图"面板如图 5-9 所示。

2）可以看到，图像亮部缺失。如果用"色阶"命令调整的话，解决办法就是通过将亮调滑块左移来增强照片的反差，调整后如图 5-10 所示。

如果使用"曲线"命令进行调整，同样可以实现这个效果。执行"图像"→"调整"→"曲线"命令（快捷键为〈Ctrl+M〉），打开"曲线"对话框，如图 5-11 所示。

图 5-9　素材图像与"直方图"面板

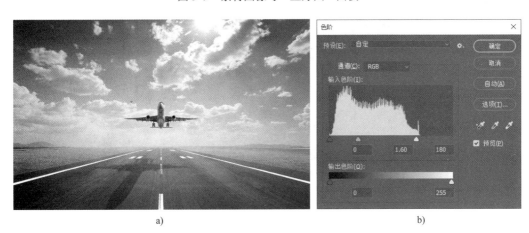

a)　　　　　　　　　　　　　　　　　　　　　b)

图 5-10　调整后的效果与色阶图

a) 整体调整后的效果　b) 调整后的色阶（消除反差，显示亮部）

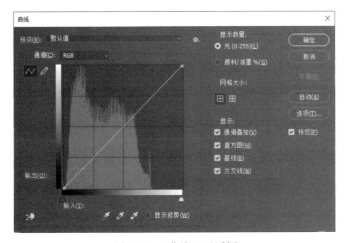

图 5-11　"曲线"对话框

对"曲线"对话框中的一些参数说明如下。

- 预设：Photoshop 中自带的调整选项。
- 通道：可以选择需要调整的通道。
- 曲线调整框：该区域用于显示当前对曲线所进行的修改，按住〈Alt〉键在该区域中单击可以增加网格的显示数量，从而便于对图像进行精确的调整。

- 明/暗度显示条：包括左侧纵向的输出明/暗度显示条和下方横向的输入明/暗度显示条。其中，横向的明/暗度显示条表示图像在调整前的明/暗度状态，纵向明/暗度显示条表示图像在调整后的明/暗度状态。拖动调整线时会动态地看到它们的变化。
- 调节线：在该线上最多可添加不超过 14 个节点。当指针置于节点上并变为选中状态时，就可以拖动该节点对曲线进行调整。要删除某个节点时，选中并将该节点拖出对话框外部即可，也可以按〈Delete〉键删除。

图像素材文件"飞向蓝天"的"曲线"对话框如图 5-12 所示，调整后的效果与色阶类似。

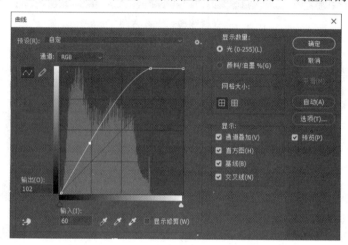

图 5-12　"飞向蓝天"的"曲线"对话框

3. "亮度/对比度"命令

通过调整"亮度/对比度"命令可以方便地调整图像的明暗度。
打开素材文件夹中的"雨后露珠.jpg"图像文件，执行"图像"→"调整"→"亮度/对比度"命令，弹出图 5-13 所示的"亮度/对比度"对话框。

5-3
运用"亮度/对比度"命令

图 5-13　原始素材图像及"亮度/对比度"对话框

对"亮度/对比度"对话框中的部分参数说明如下。

亮度：用于调整图像的亮度。数值为正值时，增加图像亮度；数值为负值时，降低图像亮度。

对比度：用于调整图像的对比度。数值为正值时，增加图像的对比度；数值为负值时，降低图像的对比度。

使用旧版：选中此复选框，可使用 CS3 版本的"亮度/对比度"命令来调整图像。原则上不建议使用该项。

这里，设置亮度为 90，同时对比度设为 60，效果如图 5-14 所示。

图 5-14　调整"亮度/对比度"的效果

4. "曝光度"命令

通过使用"曝光度"命令可以方便地校正图像曝光过度的情况。

打开素材文件夹中的"茶叶包装.jpg"图像，执行"图像"→"调整"→"曝光度"命令，弹出图 5-15 所示的"曝光度"对话框。

图 5-15　原始素材图像及"曝光度"对话框

对"曝光度"对话框中的部分参数说明如下。

曝光度：用于调整色彩范围，主要是控制高光。正值增加曝光度，负值减少曝光度。

位移：主要调整图像的阴影，使之变暗或变亮，几乎不影响高光。

灰度系数校正：主要调整图像中间调，对阴影与高光区域影响较小。滑块向右使图像变暗，滑块向左使图像变亮。

这里，设置曝光度为+1，位移为-0.05，灰度系数校正为 2.00，效果如图 5-16 所示。

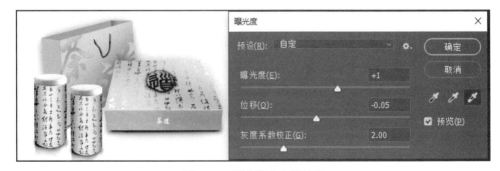

图 5-16　调整曝光度的效果

5．"阴影/高光"命令

"阴影/高光"命令可针对图像中过暗或者过亮区域的细节进行处理，适用于校正由强逆光而形成阴影的照片，或者校正由于太接近闪光灯而有些发白的焦点。CMYK 颜色模式的图像不能使用该命令。

下面通过实例来认识一下"阴影/高光"命令。

打开素材图像"客厅.jpg"，执行"图像"→"调整"→"阴影/高光"命令，弹出"阴影/高光"对话框，如图 5-17 所示。

图 5-17 原始素材图像与"阴影/高光"对话框

对"阴影/高光"对话框中的部分参数说明如下。

- 数量：在"阴影"和"高光"选项区域中拖动滑块，可以对图像的暗调和高光区域进行调整。数值越大，则调整的幅度也越大。
- 显示更多选项：可以进行高级参数的设置，会显示更多的参数。

在"阴影/高光"对话框中，设置"阴影"选项区域中的数量为 15%，设置"高光"选项区域中的数量为 40%，调整后的效果如图 5-18 所示。

图 5-18 调整阴影和高光的效果

5.1.6 调整图像的色彩

1．"色相/饱和度"命令

使用"色相/饱和度"命令可以精确地调整整幅图像，或者单个色彩成分的色相、饱和度和明度。此命令也可以应用于 CMYK 颜色模式的图像，有利于使颜色值处于输出设备的范围中。

执行"图像"→"调整"→"色相/饱和度"命令（快捷键为〈Ctrl+U〉），弹出"色相/饱和度"对话框，如图 5-19 所示。

5-4
运用"色相/饱和度"命令

图 5-19　"色相/饱和度"对话框

对"色相/饱和度"对话框中的部分参数说明如下。

- 预设：Photoshop 中自带的调整选项。
- 颜色范围列表框：选择"全图"选项，同时调整图像中的所有颜色。其中还包含了"红色""黄色""绿色""青色""蓝色""洋红"等，选择一种就可以仅对图像中对应的颜色进行调整。
- 色相：用于调整图像颜色的色彩。
- 饱和度：用于调整图像颜色的饱和度。数值为正值时，加深颜色的饱和度；数值为负值时，降低颜色的饱和度。当饱和度为"-100"时，图像将变为灰度图像。
- 明度：用于调整图像颜色的亮度。向右拖动滑块增加亮度，向左拖动滑块降低亮度，数值范围为-100～100，当为"100"时图像变为白色，当为"-100"时，图像变为黑色。
- 拖动调整工具：当在对话框中单击此工具后，在图像中的某种颜色上单击，并在图像中向左或者向右拖动，可以减少或增加包含所单击像素的颜色范围的饱和度。如果同时按〈Ctrl〉键，则左右拖动可以改变相对应区域的色相。
- 着色：可以为图像着色，实现图像的单色效果。

下面运用"色相/饱和度"命令来调整一下图像的"色相/饱和度"，具体操作如下。

打开素材图像"绿枫树.jpg"，执行"图像"→"调整"→"色相/饱和度"命令（快捷键为〈Ctrl+U〉），弹出"色相/饱和度"对话框，如图 5-20 所示。

图 5-20　"绿枫树"素材和"色相/饱和度"对话框

在"色相/饱和度"对话框中,设置颜色范围为"绿色",设置色相为"-75",饱和度与明度不变,单击"确定"按钮,即可调整图像的色相,效果如图 5-21 所示。

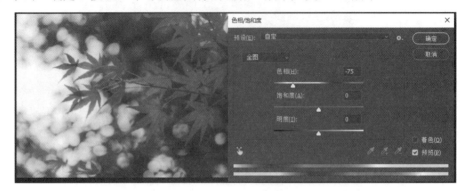

图 5-21 "色相/饱和度"调整后的效果

如果想实现着色效果,选中"着色"复选框,按图 5-22 所示设置相关参数,即可实现单色着色效果。我国首部黑白转彩色 4K 修复故事片《永不消逝的电波》,2021 年 9 月 28 日在北京国际电影节举行首映礼,并于 10 月 6 日在全国上映。大家可以尝试采用着色的方式为《永不消逝的电波》中的一些场景上色。

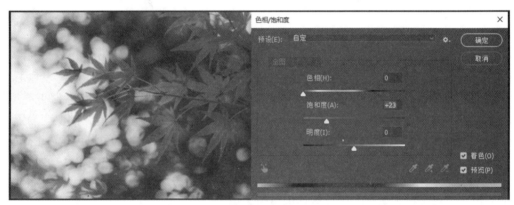

图 5-22 "着色"后实现老照片的效果

2."自然饱和度"命令

使用"自然饱和度"命令可以增加或者减少画面颜色的鲜艳程度,使外景照片更加明艳动人,或者打造出复古怀旧的低彩效果。"色相/饱和度"命令也可以增加或降低画面的饱和度,但是与之相比,"自然饱和度"的调整效果会更加柔和,不会因为饱和度过高而产生纯色,也不会因为饱和度过低而产生完全灰度的图像。所以"自然饱和度"非常适合用于数码照片的调色。

下面通过实例来说明"自然饱和度"命令。

打开素材图像"月饼.jpg",执行"图像"→"调整"→"自然饱和度"命令,弹出"自然饱和度"对话框,如图 5-23 所示。

"自然饱和度":会自动保护已经饱和的颜色,只调图中饱和度低的部分。例如,某软件判定鲜艳程度已经足够,则不会再做调整。使用自然饱和度效果更加自然。向左拖动滑块,可以降低颜色的饱和度;向右拖动滑块,可以增加颜色的饱和度。效果如图 5-24 所示。

图 5-23　"月饼"素材和"自然饱和度"对话框

a)　　　　　　　　　　　　　　　　b)

图 5-24　不同"自然饱和度"的效果

a) 自然饱和度为-100　b) 自然饱和度为+100

"饱和度"：用于调整整个图像颜色的鲜艳程度。向左拖动滑块，可以降低所有颜色的饱和度；向右拖动滑块，可以增加颜色的饱和度。效果如图 5-25 所示。

a)　　　　　　　　　　　　　　　　b)

图 5-25　不同饱和度的效果

a) 饱和度为-100　b) 饱和度为+100

3. "色彩平衡"命令

5-5

运用"色彩平衡"命令

"色彩平衡"命令是根据颜色互补的原理，通过添加和减少互补色而达到图像的色彩平衡效果，或改变图像的整体色调。

执行"图像"→"调整"→"色彩平衡"命令（快捷键为〈Ctrl+B〉），弹出"色彩平衡"对话框，如图 5-26 所示。

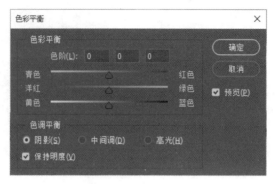

图 5-26 "色彩平衡"对话框

对"色彩平衡"对话框中的部分参数说明如下。

- 阴影：调整图像中阴影部分的颜色。
- 中间调：调整图像中间调部分的颜色。
- 高光：调整图像中高光部分的颜色。
- 保持明度：保持图像原有的亮度。

下面通过实例来说明"色彩平衡"命令的使用。

打开素材图像"城市.jpg"，可以发现整个图片颜色偏蓝，通过"色彩平衡"命令来进行调整，使其色彩正常。执行"图像"→"调整"→"色彩平衡"命令（快捷键为〈Ctrl+B〉），弹出"色彩平衡"对话框，如图 5-27 所示。

图 5-27 "城市"素材和"色彩平衡"对话框

在"色彩平衡"对话框中，将"色阶"分别设置为 0、-20 和-20，"色彩平衡"设为"阴影"部分，调整后的效果如图 5-28 所示。

图 5-28 "色彩平衡"调整后的效果

4. "黑白"命令

"黑白"命令可以将彩色图像转换为具有艺术效果的黑白图像，也可以根据需要将图像调整为单色的艺术效果。

下面通过实例来说明"黑白"命令的使用。

打开素材图像"腊梅.jpg"，执行"图像"→"调整"→"黑白"命令（快捷键为〈Ctrl+Shift+Alt+B〉），弹出"黑白"对话框，如图 5-29 所示。

图 5-29　"腊梅"素材和"黑白"对话框

对"黑白"对话框中的部分参数说明如下。

- 预设：Photoshop 自带的多种图像调整为灰度的处理方案。
- 颜色设置：对话框中可以对"红色""黄色""绿色""青色""蓝色""洋红"这六种颜色通过拖动滑块或输数值进行不同的灰度设置。
- 色调：选中该复选框后，对话框底部的"色相"和"饱和度"将被激活，通过"色相"和"饱和度"的设置实现图像色调的变化，从而可以实现单色调图像效果。

在"黑白"对话框中，调整色调为"蓝色"，体现出梅花冰清玉洁和超凡脱俗的感觉，其参数与调整后的效果如图 5-30 所示。

图 5-30　调整后的"腊梅"蓝色色调效果与和"黑白"对话框

5. "照片滤镜"命令

使用"照片滤镜"命令可以模仿镜头前加彩色滤镜的效果，使图像产生特定的曝光效果。

5-6
运用"照片滤镜"命令

打开素材图像"玉兰花.jpg"，执行"图像"→"调整"→"照片滤镜"命令，弹出"替换颜色"对话框，单击"滤镜"右侧的下拉按钮，在弹出的列表中选择"加温滤镜（85）"选项，设置浓度为60%，单击"确定"按钮，效果如图5-31所示。

图 5-31 "照片滤镜"命令的使用

对"照片滤镜"对话框中的部分参数说明如下。

滤镜：Photoshop 预设了多种选项，根据需要可以选择合适的选项。

颜色：单击颜色块弹出"拾色器"对话框，可以自定义一种颜色作为图像的色调。

浓度：拖动滑块可以调整应用于图像的颜色的数量。数值越大，应用的颜色调整范围越大。

保留明度：调整颜色的同时保持图像的亮度不变。

6. "通道混合器"命令

使用"通道混合器"命令可以将图像中的颜色通道互相混合，能够对目标颜色通道进行调整和修复。该命令常用于图像偏色的修复。

执行"图像"→"调整"→"通道混合器"命令，弹出"通道混合器"对话框，如图 5-32 所示。

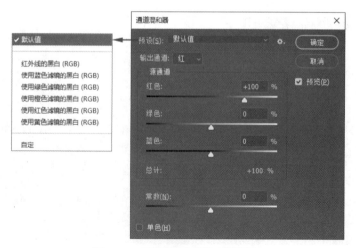

图 5-32 "通道混合器"对话框

对"通道混合器"对话框中的部分参数说明如下。

- 预设：Photoshop 提供了六种制作黑白图像的预设效果。
- 输出通道：在下拉列表中可以选择一种通道来对图像的色调进行调整。
- 源通道：用来设置源通道在输出通道中所占的百分比。比如设置"红"通道，则增大红色数值。
- 总计：显示源通道的计数值。如果计数值大于 100%，则有可能会丢失一些阴影和高光细节。
- 常数：用来设置输出通道的灰度值。负值可以在通道中增加黑色，正值可以在通道中增加白色。
- 单色：选中该复选框后，图像将变成黑白效果。可以通过调整各个通道的数值，调整画面的黑白关系。

7."反相"命令

使用"反相"命令可以对图像中的颜色进行反相，与传统相机中的底片效果相似。

打开素材图像"水仙.jpg"，如图 5-33 所示。执行"图像"→"调整"→"反相"命令（快捷键为〈Ctrl+I〉），即可对图像的颜色进行反相，效果如 5-34 所示。

图 5-33　"水仙"素材图像　　　　　　图 5-34　进行反相后的效果

8."色调分离"命令

"色调分离"命令通过为图像设定色调数目来减少图像的色彩数量。图像中多余的颜色会映射到最接近的匹配级别。

打开素材图像"水仙.jpg"，如图 5-33 所示。执行"图像"→"调整"→"色调分离"命令，弹出"色调分离"对话框，在"色调分离"对话框中可以进行"色阶"数量的设置，设置的色阶值越小，分离的色调就越多，色阶值越大，保留的图像细节就越多。图 5-35 为色阶值是10 时的效果。

9."渐变映射"命令

使用"渐变映射"命令可将相等的图像灰度范围映射到指定的渐变填充色。

5-7
单色调怀旧照片
的制作

5.1.7　案例实现过程

制作怀旧照片就是将普通彩色照片通过整体色调的改变，将多彩色调转换为单色调的过程。制作方法有多种，下面主要使用"渐变映射""色阶"及"亮度/

对比度"命令来实现单色调图像的效果。

图 5-35 "色调分离"时色阶值为 10 的效果

具体步骤如下：

1）在 Photoshop 中打开素材图片"民居.jpg"，按快捷键〈Ctrl+J〉复制图层，如图 5-36 所示。

2）执行"图像"→"调整"→"渐变映射"命令，弹出"渐变映射"对话框，在该对话框中单击"灰度映射所用的渐变"下拉列表框，弹出"渐变编辑器"对话框，选择自己喜欢的色调，这里选择深蓝色（# 0d62a3）和白色进行渐变映射，如图 5-37 所示。

图 5-36 复制图层

图 5-37 设置渐变颜色

3）设置渐变映射后，单击"确定"按钮，图像色调发生变化，变成单一色调的图像，如图 5-38 所示。

4）按快捷键〈Ctrl+J〉复制图层，并设置新复制的图层"混合模式"为"柔光"模式，使图像的对比关系加强，如图 5-39 所示。

图 5-38 图像色调改变

图 5-39 设置"混合模式"

5）按快捷键〈Ctrl+E〉向下合并图层，执行"图像"→"调整"→"色阶"命令，在"通道"下拉列表中分别选择红、蓝选项，分别向左、向右拖动中间调滑块，如图5-40所示。

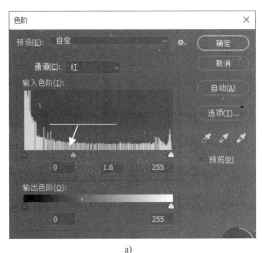
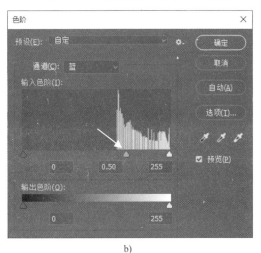

a)

b)

图5-40 对图像色阶进行调整

a)"红"通道中间调调整 b)"蓝"通道中间调调整

6）设置红通道和蓝通道中的中间调，为图像添加红色与黄色像素，降低图像中的蓝、绿像素。

7）执行"图像"→"调整"→"亮度/对比度"命令，设置"亮度"为-20，"对比度"为+60。降低图像的亮度，提高对比度，使图像明暗关系更加强烈，呈现怀旧效果。最终效果如图5-1b所示。

5.1.8 应用技巧

技巧1：深度读懂色彩的色阶分布图。色阶突起分布在右边，说明图像亮部较多；色阶突起分布在左边，说明图像暗部较多；色阶突起分布在中间，说明图像中间色调较多，缺少色彩对比。色阶突起分布像梳子状，说明图像色阶有跳阶的现象，某些色阶像素缺少，无法表达渐变、平滑等效果。

技巧2：对于黑白图像的处理，如果将图像转换为灰度模式后，图像将在RGB模式下无法使用，所以一般采用去掉饱和度的方式把图像调整为灰阶模式，这样图像同样会呈现出黑白效果，但实际上的图像还是在RGB模式状态。

5.2 案例2：创意合成历史变迁特效

改革开放，40多年风云激荡，40多年风雨洗礼，中国旅游业伴随着中国经济社会的沧桑巨变，披荆斩棘地走出了一条跨越式的发展之路。如今的中国，已是世界上最大的国内旅游市场、世界第一大国际旅游消费国、世界第四大旅游目的地国家，举世瞩目。本例将以武汉黄鹤楼的一幅图片为基础，制作一幅反映富有历史变迁的艺术特效照片，最终效果如图5-41所示。

图 5-41　创意合成历史变迁特效照片

5-8
运用"去色"
命令

5.2.1　色彩的其他调整

1. "去色"命令

使用"去色"命令可以将彩色图像转换为灰度图像，或者将局部图像转换为灰度图像，但图像的颜色模式保持不变。

打开素材图像"枇杷.jpg"，使用套索工具将枇杷果实选中，如图 5-42 所示。执行"选择"→"反向"命令选择绿色，执行"图像"→"调整"→"去色"命令（快捷键为〈Ctrl+Shift+U〉），效果如图 5-43 所示。

图 5-42　"枇杷"素材图像

图 5-43　去色后的效果

2. "色调均化"命令

使用"色调均化"命令可以对图像中的整体像素进行均匀的提亮，图像的饱和度也会有所增强。

打开素材图像"苗寨.jpg"，如图 5-44 所示。执行"图像"→"调整"→"色调均化"命令，效果如图 5-45 所示。

3. "替换颜色"命令

"替换颜色"命令可以基于特定的颜色在图像中创建蒙版，再通过设置色相、饱和度和明度来调整图像的色调。

图 5-44 "苗寨"素材图像   图 5-45 色调均化后的效果

打开素材图像"橘子.jpg",执行"图像"→"调整"→"替换颜色"命令,弹出"替换颜色"对话框,如图 5-46 所示。

图 5-46 "橘子"素材和"替换颜色"对话框

在"替换颜色"对话框中,使用吸管工具选择橘子,并扩大范围,设置"颜色容差"为100,"结果"颜色为绿色。具体参数设置与调整后的效果如图 5-47 所示。

图 5-47 "替换颜色"调整后的效果

4. "阈值"命令

使用"阈值"命令可以将灰度或彩色图像转换为高对比度的黑白图像。指定某个色阶作为阈值,所有比阈值亮的像素转换为白色,而所有比阈值暗的像素转换为黑色。"阈值"命令对确定图像的最亮和最暗区域很有用。在图像的二值化中常使用阈值，二值化的结果严重依赖阈值的选择。

　　打开素材图像"人物.jpg"，如图 5-48 所示。执行"图像"→"调整"→"阈值"命令，打开"阈值"对话框，进行"阈值色阶"设置，效果如图 5-49 所示。

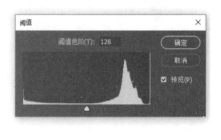

图 5-48　"人物"素材图像　　　　　　　　图 5-49　"阈值色阶"为 128 时的效果

5.2.2　调整图层和填充图层的使用

1．认识调整图层与填充图层

5-9
调整图层和填
充图层的使用

　　调整图层的作用和"调整"菜单里的命令的作用是一样的，只是调整图层结合了蒙版，通过一个新的图层来对图像进行色彩的调整。也就是说，用调整图层来调整颜色，不影响图像本身，且可利用调整图层重新进行调整。

　　执行"图层"→"新建填充图层"菜单下的任意命令可以创建填充图层。

　　执行"图层"→"新建调整图层"菜单下的任意命令可以创建调整图层。

　　也可以单击"图层"面板中的"创建新的填充或调整图层"按钮（见图 5-50），创建填充图层或调整图层。

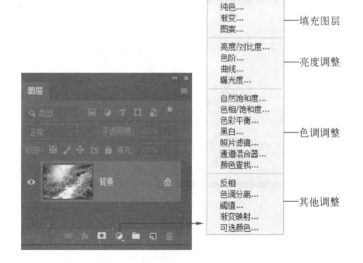

图 5-50　"创建新的填充或调整图层"菜单

调整图层可将颜色和色调调整应用于图像，而不会永久更改像素值。比如，可以创建"色阶"或"曲线"调整图层，而不是直接在图像上调整"色阶"或"曲线"。颜色和色调调整存储在调整图层中并应用于该图层下面的所有图层；也可以通过一次调整来校正多个图层，而不用单独对每个图层进行调整；还可以随时删除、更改、恢复原始图像。

填充图层可以用纯色、渐变或图案填充图层。与调整图层不同的是，填充图层不影响它下面的图层。

调整图层具有许多与其他图层相同的特性。可以调整不透明度和混合模式，还可以将它们编组，以便将调整应用于特定图层。同样，也可以启用或禁用它们的可见性，以便应用或预览效果。

打开素材图片"瀑布流水.jpg"，单击"图层"面板中的"创建新的填充或调整图层"按钮，选择"渐变"命令，弹出"渐变填充"对话框，设置由绿色向透明的渐变色，此时对应的图像与"图层"面板都发生了变化，如图 5-51 所示。

图 5-51　填充图层的添加效果及图层变化

2. 应用调整图层制作怀旧照片

下面使用调整图层的方法制作怀旧照片图像效果。

1）在 Photoshop 中打开素材图片"皖南建筑.jpg"（见图 5-52），单击"图层"面板中的"创建新的填充或调整图层"按钮，选择"渐变映射"命令，在"渐变映射"的"属性"面板中单击"点按可编辑渐变"颜色框（见图 5-53），弹出"渐变编辑器"对话框，设置深蓝色（＃0d62a3）和白色进行渐变映射，如图 5-37 所示。

图 5-52　素材与图层

图 5-53　"属性"面板

2）设置渐变映射后，单击"确定"按钮，图像色调发生变化，变成单一色调的图像，同时在"图层"面板中增加了一个新的渐变映射调整图层，如图 5-54 所示。

图 5-54　增加渐变映射调整图层

3）单击"图层"面板中的"创建新的填充或调整图层"按钮◙，选择"色阶"命令，拖动色阶滑块。调整后的图层与效果如图 5-55 所示。

图 5-55　增加色阶调整图层

4）单击"图层"面板中的"创建新的填充或调整图层"按钮◙，选择"纯色"命令，设置纯色颜色为蓝色（#3a91e9），同时设置纯色填充图层的混合模式为"颜色"模式。调整后的图层与效果如图 5-56 所示。

图 5-56　增加纯色填充图层并设置混合模式

5-10
创意合成历史
变迁特效

5.2.3　案例实现过程

本案例的具体操作步骤如下。

1）在 Photoshop 中打开素材图片"黄鹤楼.jpg"，如图 5-57 所示。使用矩形选框工具选择黄鹤楼的上部，按快捷键〈Ctrl+J〉来进行区域复制。执行"图像"→"调整"→"去色"命令（快捷键为〈Ctrl+Shift+U〉）给图像去色，效果如图 5-58 所示。

图 5-57　"黄鹤楼"素材

图 5-58　局部去色

2）单击"图层"面板中的"创建新的填充或调整图层"按钮，选择"曲线"命令，调整曲线呈 S 形，设置图片的对比度，使亮的更亮、暗的更暗。调整后的图层与效果如图 5-59 所示。

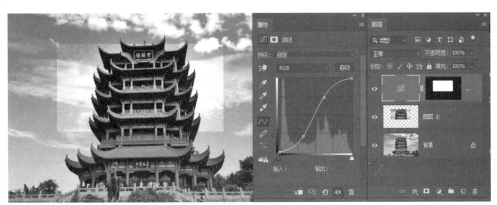

图 5-59　曲线调整后的效果与图层

3）再次单击"图层"面板中的"创建新的填充或调整图层"按钮，选择"照片滤镜"命令，设置参数，使其呈现旧照片发黄的效果，如图 5-60 所示。

图 5-60　照片滤镜调整后的效果与图层

4）选择画笔工具，右击，选择"特殊效果画笔"中的"滴水水彩"画笔，设置画笔大小为

50 像素，前景色为土黄色（#df9439），在照片上绘制出破旧的效果，如图 5-61 所示。

5）方方正正的矩形过于规矩，为了能做出手抓旧照片的效果，执行"编辑"→"变换"→"变形"命令，对照片进行变形处理，效果如图 5-62 所示。

图 5-61　绘制破旧效果

图 5-62　对图片进行变形处理的效果

6）执行"文件"→"置入嵌入对象"命令，选择素材图片"手拿照片.tif"，将其置入图像中（见图 5-63），单击图像周围的控制句柄，调整图像的大小，效果如图 5-64 所示。

图 5-63　置入图像后的效果

图 5-64　调整图像大小后的效果

7）执行"图层"→"智能对象"→"栅格化"命令将置入图像栅格化为普通图层，使用魔棒工具选择"手拿照片"中的白色区域（见图 5-65），按〈Delete〉键将白色选区删除，效果如图 5-66 所示。

图 5-65　选择白色区域

图 5-66　删除白色选区

8）在"图层"面板中单击"图层 1"，选择旧照片选区，执行"图层"→"新建"→"图层"命令，新建一个空图层。执行"编辑"→"描边"命令，设置描边宽度为 6 像素、颜色为白色，效果如图 5-67 所示。

9）打开素材图像"划痕.jpg"（见图 5-68），将其拖动到图像中，放到旧照片上（见图 5-69），在"图层"面板中单击"图层 1"，选择旧照片选区，执行"选择"→"反向"命令，按〈Delete〉键将多余的划痕图像删除，效果如图 5-70 所示。

图 5-67 设置描边效果

图 5-68 "划痕"图像

图 5-69 插入"划痕"图像

图 5-70 裁剪多余的"划痕"图像

10）设置划痕的混合模式为"滤色"。至此，创意合成历史变迁特效照片制作完成，效果如图 5-41 所示。

5.2.4 应用技巧

技巧 1：因为调整图层对下方图层的图像不会造成破坏，所以可尝试不同的设置并随时重新编辑调整图层，也可以通过降低该图层的不透明度来减轻调整的效果。

技巧 2：调整可应用于多个图像。在图像之间复制和粘贴调整图层，以便应用相同的颜色和色调调整。

5.3 项目实践

1. 根据提供的素材图片（见图 5-71）使用色彩/色调调整方法改变汽车的颜色（蓝色修改为红色），修改后的效果如图 5-72 所示。

图 5-71　修改前的蓝色汽车　　　　　　　图 5-72　修改后的红色汽车

2. 调整曝光不足的照片效果，素材如图 5-73 所示，调整后的效果如图 5-74 所示。

制作思路：通过调整照片的色阶提高亮度，通过调整色相/饱和度调整图像的颜色。

图 5-73　修改前曝光不足的图像　　　　　　图 5-74　修改后的图像效果

模块 6　路径应用

6.1　案例 1：电子名片的制作

　　名片，中国古代称名刺，是标示姓名及其所属组织、公司单位和联系方法的卡片。交换名片是新朋友互相认识、自我介绍最快、最有效的方法。Photoshop 也具有矢量图形软件的某些功能，它可以使用路径功能对图像进行编辑和处理。路径主要用于对图像进行区域或辅助抠图、绘制平滑和精细的图形、定义画笔等工具的绘制痕迹，以及输出/输入路径与选区之间的转换等领域。本节将通过制作某商学院教师名片来学习 Photoshop 路径工具的基本使用方法和技巧。本案例效果如图 6-1 所示。

图 6-1　名片效果图

6.1.1　认识路径

　　Photoshop 以编辑和处理位图著称，但它也具有矢量图形软件的某些功能，可以使用路径功能对图像进行编辑和处理。

6-1
认识路径

　　路径是由一个或多个直线段和曲线段组成。"锚点"标记路径的端点。在曲线段上，每个选中的锚点显示一条或两条"方向线"，方向线以方向点结束，如图 6-2 所示。方向线和方向点的位置决定曲线段的大小和形状。移动这些元素将改变路径中曲线的形状。

　　路径可以是闭合的，没有起点或终点（如圆）；也可以是开放的，有明显的终点（如波浪线）。平滑曲线由名为平滑点的锚点连接，锐化曲线由角点连接，如图 6-3 所示。

　　在平滑点上移动方向线时，将同时调整平滑点两侧的曲线段；相比之下，当在角点上移动方向线时，只调整与方向线同侧的曲线段。

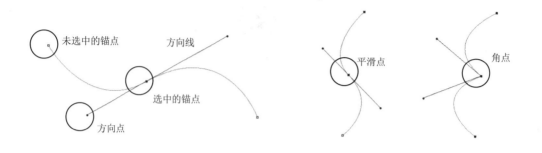

图 6-2　路径与方向线　　　　　　　　　图 6-3　平滑点和角点

6.1.2　绘制与修改路径

这里，关于路径主要介绍"钢笔工具组"的使用。钢笔工具组位于 Photoshop 的工具箱浮动面板中，默认情况下，其呈现为钢笔图标，在此图标上单击并停留片刻，系统会弹出隐藏的工具组，如图 6-4 所示。按照功能可分为 6 种工具，具体包括钢笔工具、自由钢笔工具、弯度钢笔工具、添加锚点工具、删除锚点工具和转换点工具。

对绘制的路径进行编辑与修改，可以使用路径选择工具组，在此图标上单击并停留片刻，系统将会弹出隐藏的工具组，如图 6-5 所示，具体包括路径选择工具和直接选择工具。

图 6-4　钢笔工具组　　　　图 6-5　路径选择工具组

1. 钢笔工具

钢笔工具用于绘制直线、曲线、封闭的或不封闭的路径，可在绘制路径的过程中对路径进行简单的编辑。当选中钢笔工具时，其属性栏如图 6-6 所示。

图 6-6　钢笔工具属性栏

属性栏中部分选项说明如下。

选择工具模式：主要包括"形状"模式、"路径"模式和 "像素"模式三种。在形状模式下直接绘制形状，在路径模式下直接绘制矢量路径，在像素模式下直接采用位图模式填充绘制形状。默认为路径模式

路径操作：主要包括合并形状、减去顶层形状、与形状区域相交、排除区域相交和排除重叠形状。默认设置为排除重叠形状。

路径对齐方式：主要包括水平对齐方式，垂直对齐方式，以及水平与垂直方向的均匀分布。

路径排列方式：主要包括将形状设置为顶层/底层，以及形状前移一层/后移一层。

当绘制直线路径时，只需要选中钢笔工具，在工具属性栏中选择"路径"模式，然后通过连续单击即可。如果要绘制直线或 45° 斜线，按住〈Shift〉键的同时单击即可。例如绘制一个直线锤子形路径，如图 6-7 所示。当绘制曲线路径时，只需要选中钢笔工具，在工具属性栏中选择"路径"模式，然后在绘制起点按住鼠标左键，向上或向下拖动出一条方向线后再释放鼠标，然后在第二个锚点拖动出一条向上或向下的方向线。例如绘制一个曲线镰刀形路径，如图 6-8 所示。

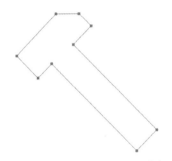 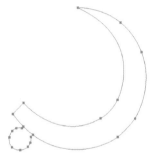

图 6-7　绘制的直线锤子形路径　　　　　图 6-8　绘制曲线镰刀形路径

如果选中"自动添加/删除"复选框，可以方便地添加和删除锚点。

2.　自由钢笔工具

自由钢笔工具可用于随意绘图，就像用钢笔在纸上绘图一样。自由钢笔工具的使用方法与套索工具基本一致，只需要在图像上创建一个初始点后，即可随意拖动鼠标徒手绘制路径，绘制过程中路径上不添加锚点。

选中自由钢笔工具后，其工具属性栏如图 6-9 所示。

图 6-9　自由钢笔工具属性栏

使用自由钢笔工具绘制的路径可以进行编辑，形成一个较为精确的路径。"曲线拟合"参

数主要控制路径对鼠标移动的敏感性，数值越大，创造的路径锚点越少，路径就越平滑。

3. 弯度钢笔工具

弯度钢笔工具 可用于绘制路径和调整路径。例如使用弯度钢笔工具绘制一个志愿者图标的路径，如图 6-10a 所示，发现有一个弧度不够准确，继续使用弯度钢笔工具在问题路径上直接拖动，即可修改路径的弧度，直到达到要求为止，如图 6-10b 所示。

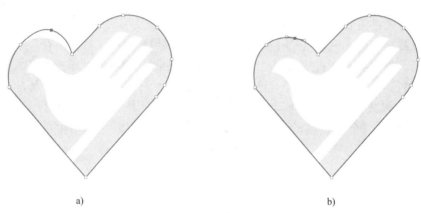

a)   b)

图 6-10 弯度钢笔工具的使用

a) 绘制路径 b) 调整路径

4. 添加锚点工具与删除锚点工具

添加锚点工具 和删除锚点工具 用于根据需要添加、删除路径上的锚点。选中删除锚点工具，当指针移至路径轨迹处时，指针自动变成删除锚点工具，分别单击图 6-11a 中圈住的锚点，即可删除锚点，形成的新路径如图 6-11b 所示。

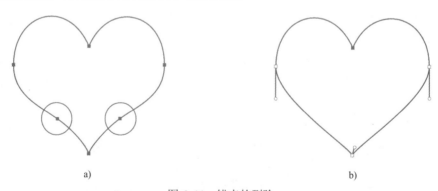

a)   b)

图 6-11 锚点的删除

a) 删除锚点前 b) 删除锚点后

5. 转换点工具

转换点工具 用于调整某段路径控制点的位置，即调整路径的曲率。如图 6-12a 所示，绘制两个同心圆圈，如果想将内圆的 4 个锚点转化为角点，只需选中转换点工具 ，然后在图像路径的某点（圆圈内的 4 个点）处单击或者拖动，即可进行节点曲率的调整，如形成图 6-12b 所示的内圆变成了一个正方形。如果只需要调整单个方向的角点，可以通过按〈Alt〉键的同时单击鼠标来实现。

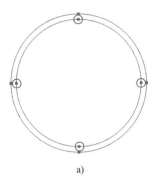
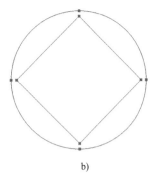

a)　　　　　　　　　　　　　　　b)

图 6-12　转换点工具的使用

a) 绘制平滑曲线　b) 内圆变为正方形

在绘制曲线时会拖出 3 个点，中间的叫作锚点，两边的叫作方向点，按〈Alt〉键不松，单击中间的锚点，就会留下一个方向点，这样方便操作曲线；松开〈Alt〉键再单击（不要拖动），则会创建新的线（直线）。此外，按〈Alt〉键不松，单击并拖动后面的线段，会添加一个平滑点；按〈Alt〉键不松，单击后面的点，会变成直角线段。

6. 路径选择工具

如果在编辑过程中要选择整条路径，可以使用路径选择工具 ▶。在整条路径被选中的情况下，路径上所有的锚点为黑色实心正方形，如图 6-13a 所示，此时可以使用路径选择工具 ▶ 移动整个路径，如图 6-13b 所示，也可以复制或者删除路径。

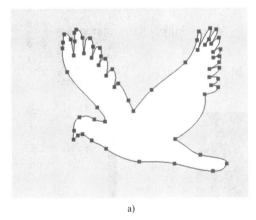
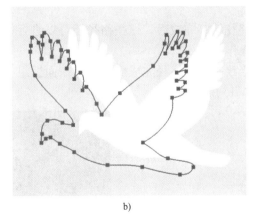

a)　　　　　　　　　　　　　　　b)

图 6-13　路径选择工具的使用

a) 选择整条路径　b) 移动路径

7. 直接选择工具

要选择并调整路径中的锚点时，需要使用工具箱中的直接选择工具 ▶ 选择需要编辑的某个锚点，锚点在处于被选中状态下呈黑色实心正方形，未被选中的呈现空心小正方形，如图 6-14 所示。拖动黑色实心正方形的锚点，即可完成单个锚点的编辑。将指针放置在线条上，可以移动整段线条的位置。

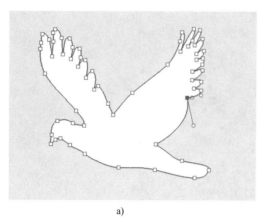 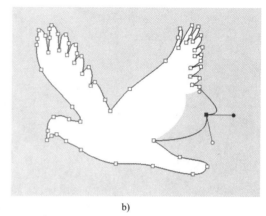

a)   b)

图 6-14   直接选择工具的使用

a) 选中路径中的某个锚点   b) 调整锚点的位置与方向线

当前如果使用路径选择工具 或者直接选择路径工具 时，按〈Ctrl〉键可以在两个工具之间切换。

使用直接选择路径工具 ，一次只能选择一个锚点，如果想同时选择多个锚点，可以在按住〈Shift〉键的同时，不断单击需要选择的锚点。或者按住鼠标左键拖出一个虚框，释放鼠标后，被框选的多个锚点都被选中。

6.1.3　认识"路径"面板

路径绘制完成后，这些路径还可以进行保存、复制、删除、隐藏等操作。

当绘制一条路径完成后，可以在面板组中找到"路径"面板，如图 6-15 所示。

6-3
认识"路径"
面板

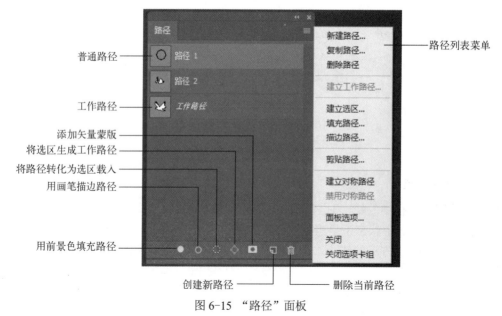

图 6-15 "路径"面板

"路径"面板中各个按钮的含义。

- 用前景色填充路径：单击该按钮实现用前景色填充闭合的路径区域。按钮呈灰色时为不可用状态。
- 用画笔描边路径：单击该按钮实现以当前前景色和当前画笔大小对路径进行描边。
- 将路径转化为选区载入：单击该按钮实现将当前路径转化为选区。在路径被选中状态下，按〈Ctrl〉键的同时单击工作路径，也可以实现将路径转化为选区。
- 将选区生成工作路径：单击该按钮实现将当前选区转化为路径。
- 添加矢量蒙版：单击该按钮实现将当前路径转化为矢量蒙版。
- 创建新路径：单击该按钮实现创建一个新路径。
- 删除当前路径：单击该按钮实现将当前路径删除。

单击"路径"面板右上方的列表菜单按钮，可以显示关于路径的相关操作命令。

自己绘制的路径默认创建了一个"工作路径"，当再次绘制新的路径时，该"工作路径"会被新绘制的内容所替代，要永久保存"工作路径"的内容，需要单击"创建新路径"按钮。如果要更改路径的名称，双击该路径名称，在弹出的对话框中输入新的路径名称，单击"确定"按钮即可。

6.1.4　绘制卡通小鸟

本案例将通过综合钢笔工具组的使用图像的轮廓，再利用描边路径、填充路径完成卡通小鸟的制作。本案例制作效果如图 6-16 所示。

图 6-16　绘制卡通小鸟

具体操作步骤如下。

1）打开 Photoshop，执行"文件"→"新建"命令，新建一个宽为 480 像素、高为 360 像素、分辨率为 72 像素/英寸、颜色模式为 RGB 的文档。

2）新建一个图层，命名为"小鸟"。选中工具箱中的钢笔工具，选择"路径"模式，并新建名为"外轮廓"的路径，在"外轮廓"路径层使用钢笔工具绘制出小鸟的外轮廓，效果如图 6-17 所示。

3）选中填充工具，设置前景色为橙色（#fbb620），选择"小鸟"，回到"路径"面板，在"外轮廓"路径层右击，单击"路径"面板中的"用前景色填充路径"按钮，完成路径的色彩填充。填充后的效果如图 6-18 所示。

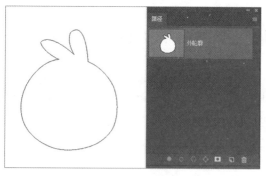

图 6-17　绘制小鸟外轮廓路径

图 6-18　填充小鸟外轮廓路径后的效果

4）选中钢笔工具，设置填充色为黑色（#000000）、大小为 5 像素、硬度为 100%，为路径描边做好准备。在"图层"面板中选择"小鸟"图层，切换到"路径"面板，在"外轮廓"路径层右击，选择"描边路径"命令，在弹出的"描边路径"对话框中按图 6-19 所示设置参数，描边后的效果如图 6-20 所示。也可以直接单击"路径"面板中的"用画笔描边路径"按钮来实现。

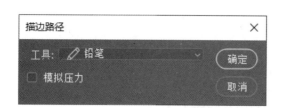

图 6-19　"描边路径"对话框

图 6-20　描边后的效果

5）在"图层"面板中新建"尾巴眉毛"图层。返回"路径"面板，新建"尾巴眉毛"路径层，使用钢笔工具勾勒出尾巴和眉毛的形状轮廓，如图 6-21 所示。设置前景色为黑色，在"尾巴眉毛"路径层右击，选择"填充路径"命令，效果如图 6-22 所示。

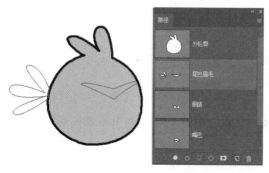

图 6-21　绘制眉毛和尾巴轮廓

图 6-22　填充尾巴和眉毛后的效果

6）新建"眼睛"图层和"眼睛"路径层，使用钢笔工具，钢笔工具设置填充色为黑色（#000000）、大小为 2 像素、硬度为 100%，绘制出眼睛的轮廓，为其填充白色（#ffffff），描边为黑色（#000000），效果如图 6-23 所示。选择画笔工具，大小设置为 15 像素，硬度为 100%，颜色为黑色，画出瞳孔，效果如图 6-24 所示。

图 6-23　绘制眼睛　　　　　　　　　　　　　　　图 6-24　绘制瞳孔

7）新建"嘴巴"图层和"嘴巴"路径层，使用钢笔工具，钢笔工具设置填充色为黑色（#000000）、大小为 2 像素，硬度为 100%，绘制出嘴巴的轮廓，为其填充深红色（#d50707），描边为黑色（#000000），效果如图 6-25 所示。

新建"腹部"图层和"腹部"路径层，使用钢笔工具，绘制出腹部的轮廓，为其填充浅卡其色（#f9dfa7），效果如图 6-26 所示。

图 6-25　绘制并填充嘴巴　　　　　　　　　　　　图 6-26　绘制并填充腹部

使用椭圆选框工具，绘制一个椭圆选区，新建"点缀"图层，绘制脸部细节，填充浅灰色（#848484），最终效果如图 6-16 所示。

6.1.5　案例实现过程

本案例的实现可以分成三步：先实现名片背景，再绘制图标，最后完成整体效果。用钢笔工具绘制路径，并旋转复制路径，制作背景图案；再用钢笔工具绘制路径，制作名片主体背景。具体操作步骤如下。

6-4
电子名片的制作

1．花纹背景绘制

1）打开 Photoshop 软件，执行"文件"→"新建"命令，新建一个宽为 9 厘米、高为 5.5

厘米、分辨率为 300 像素/英寸、颜色模式为 RGB 的文档。

2）新建"图层1"，选中渐变工具，设置前景色为蓝色（#53b3d2）、背景色为白色，选择线性渐变，从图像的右上方至左下方绘制渐变，效果如图 6-27 所示。

3）选中工具箱中的钢笔工具 绘制花朵，在画布中绘制一个花瓣形状的闭合路径，效果如图 6-28 所示。

图 6-27　背景填充渐变

图 6-28　绘制花瓣闭合路径

4）路径绘制完成后，按快捷键〈Ctrl+Alt+T〉，对其应用变换复制，将旋转中心调整到左下角的变换点，如图 6-29 所示。

5）在工具属性栏的角度数值框中输入旋转的角度 20，按〈Enter〉键，复制并旋转路径后的效果如图 6-30 所示。

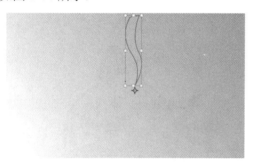

图 6-29　调整旋转中心

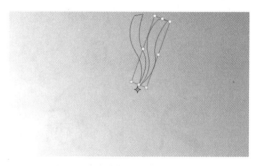

图 6-30　复制并旋转后的效果 1

6）按快捷键〈Shift+Ctrl+Alt+T〉，将路径旋转复制多份，效果如图 6-31 所示。

7）路径复制完成后，选中工具箱中的路径选择工具 ，选择所有路径。然后按快捷键〈Ctrl+T〉对其执行自由变换命令，将其适当地缩小并置于画布的中央，效果如图 6-32 所示。调整完成后按〈Enter〉键确定变换。

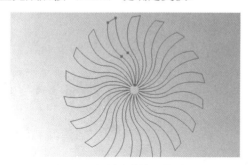

图 6-31　复制并旋转后的效果 2

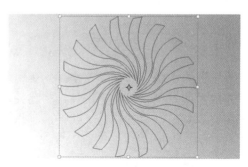

图 6-32　调整路径位置

8）按快捷键〈Ctrl+Enter〉将路径载入选区。新建图层并填充为白色，效果如图 6-33 所示。

9）按快捷键〈Ctrl+D〉取消选区。然后按快捷键〈Ctrl+T〉将其适当地放大并置于画布的右上角，并设置该图层的不透明为 40%，设置图层混合模式为柔光。按快捷键〈Ctrl+J〉将其复制一层。然后按快捷键〈Ctrl+T〉对其执行自由变换命令，右击，在弹出的快捷菜单中选择"旋转 180 度"命令，并将其适当地缩小并置于画布的左下角，调整后的效果如图 6-34 所示。

图 6-33　转换路径并填充选区　　　　　图 6-34　图层调整位置后的效果

2. 蓝橙曲线背景绘制

1）新建一个图层，命名为"蓝背景"。在工具箱中选中钢笔工具，绘制路径，如图 6-35 所示。

2）将前景色设置为深蓝色（#1256a0），按快捷键〈Ctrl+Enter〉将路径载入选区，然后按快捷键〈Alt+Delete〉填充前景色，按快捷键〈Ctrl+D〉取消选区，效果如图 6-36 所示。

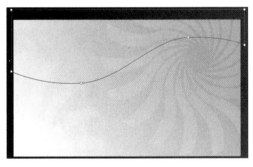 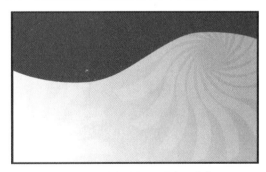

图 6-35　绘制路径　　　　　　　　　图 6-36　填充路径区域为深蓝色

3）新建一个图层，执行"编辑"→"变换路径"→"扭曲"命令，对路径进行调整。也可以在工具箱中选中路径选择工具和直接选择路径工具对路径做细节调整。效果如图 6-37 所示。

4）将前景色设置为橙色（#f3a51a），按快捷键〈Ctrl+Enter〉将路径载入选区，然后按快捷键〈Alt+Delete〉填充前景，按快捷键〈Ctrl+D〉取消选区，将橙色图层调整到蓝色图层的下方。单击图层下方的"添加图层样式"按钮 fx，选择"投影"效果，设置颜色为灰色（#7e7e7e）、不透明度为 60%、角度为 90°、距离为 4 像素、扩展为 4 像素、大小为 10 像素。调整后的整个背景效果如图 6-38 所示。

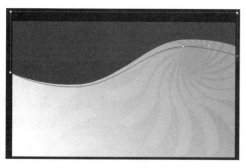

图 6-37　复制并调整路径

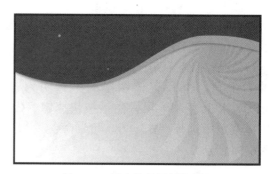

图 6-38　填充路径区域为橙色

3. 绘制 Logo 图标并输入文本

下面来设计"商学院"的 Logo 图标，设计思路与效果如图 6-39 所示。

图 6-39　Logo 效果展示

具体操作步骤如下。

1）切换到"路径"面板，新建一个路径，命名为"Logo"。使用钢笔工具，绘制出基本形状，如图 6-40 所示。

2）单击"路径"面板上的"将路径转化为选区载入"按钮（快捷键为〈Ctrl+Enter〉），将路径转化为选区，新建一个图层，命名为"Logo"，填充白色（#ffffff），效果如图 6-41 所示。

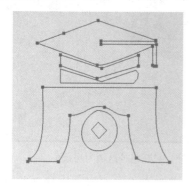

图 6-40　绘制 Logo 路径

图 6-41　填充选区

3）使用横排文字工具，输入文字"商学院"，字体为"幼圆"，字号为 14 点，颜色为白色；采用同样的方法输入文字"Business School"，字体为"幼圆"，字号为 6 点，字间距为 0，颜色为白色。效果如图 6-42 所示。

4）使用矩形选框工具，绘制蓝色矩形框，填充蓝色（#165b90），输入文字"副教授"，文字为白色，效果如图 6-43 所示。

5）输入文字"姓名占位符"和其他文本信息，最终效果如图 6-1 所示。

图 6-42　添加"商学院"文字

图 6-43　添加图案"副教授"文字

6.1.6　应用技巧

Photoshop 路径有很多使用技巧，如果能熟练掌握，则会大大提高工作效率。

技巧 1：使用路径其他工具时按住〈Ctrl〉键，可使光标暂时变成方向选取范围工具。

技巧 2：按住〈Alt〉键后单击"路径"面板右下角的垃圾桶图标，可以直接删除路径。

技巧 3：单击"路径"面板上的空白区域，可关闭所有路径的显示。

技巧 4：如果需要移动整条或是多条路径，可在选择所需移动的路径后使用快捷键〈Ctrl+T〉，这样即可拖动路径至任何位置。

6.2　案例 2：红色记忆手机界面设计

信息时代以视觉为主，图像将取代文字的统治地位，图像能容易地表达出一些具体、形象的信息或概念。一图胜千言，图像可以灵活地表现出一些文字难以表达的信息，并且可以使用户更容易理解和记忆。视觉印象具有唤起各种情感的力量。在所有感官中，视觉是非常重要的。手机采用的高分辨率屏幕，可以显示更多的视觉信息。手机的图标设计需要清晰易懂、细节丰富。本案例将设计一幅红色歌曲的音乐播放器界面，效果如图 6-44 所示。

图 6-44　音乐播放器界面效果

6.2.1 使用形状工具组

1. 认识形状工具组

使用形状工具组可以快速绘制各类规范的几何形状，形状工具组具体包括矩形工具、圆角矩形工具、椭圆工具、多边形工具、直线工具和自定义形状工具等，如图 6-45 所示。

6-5
使用形状工具组

矩形工具主要用于绘制矩形或正方形；圆角矩形工具可以用于绘制不同半径的圆角矩形；椭圆工具主要用于绘制椭圆或圆形；使用多边形工具可以根据需要绘制所需形状；直线工具主要用于绘制直线；自定义形状工具中包含了各种各样的图案，可直接绘制所需形状。

形状的绘制主要有形状、路径和像素三种模式，如图 6-46 所示。路径操作中包括新建图层 ▣、合并形状 ▚、减去顶层形状 ▚、与形状区域相交 ▣、排除重叠形状 ▣。对齐方式与图层的对齐方式相似，主要实现对齐、分布与分布间距。排列方式主要解决路径的层次关系，实现层次的置顶、置底，还有层次的上下移动。设置其他形状和路径选项主要解决路径绘制的粗细、颜色、形状、固定大小等相关设置。

图 6-45　形状工具组　　　　　　　　　　图 6-46　形状工具属性栏

2. 形状工具组的基本使用

如果需要绘制矢量图形，先在工具箱中设置好前景色，然后打开工具箱中的矩形工具组，选中某种工具，例如矩形工具，然后在其属性栏中的选择绘制模式为"形状"。

绘制方法很简单：在画布上按住鼠标左键进行拖动，即可创建矢量图形。在工具属性栏中，可设置填充的颜色和描边的颜色。在"图层"面板中可以看到新建了一个图层，这个图层就是形状图层。如果要将矢量形状转换为位图，可以选中形状图层，然后执行"图层"→"栅格化"→"形状"命令进行转换。

形状是链接到矢量蒙版的填充图层。通过编辑形状的填充图层，可以很容易地将填充更改为其他颜色、渐变或图案。也可以编辑形状的矢量蒙版以修改形状轮廓，并对图层应用样式，常用的操作如下。

- 要更改形状颜色，可双击"图层"面板中的"图层缩览图"，然后用拾色器选取一种不同的颜色。
- 要修改形状轮廓，可使用工具箱中的"直接选择工具"或"钢笔工具"更改形状。

在画布中绘制相应的形状后，会实时弹出相应的"属性"面板，以圆角矩形工具为例，会弹出"属性"面板（见图 6-47），根据需要可以设置圆角矩形的宽度和高度、边框的颜色和粗细，以及每个角的半径数值。

下面以椭圆工具和多边形工具为例，对形状工具的使用进行详细介绍。

（1）椭圆工具

在工具箱中选中椭圆工具后，直接绘制椭圆形，将弹出椭圆的"属性"面板，在该面板上可以对椭圆工具的一些参数进行设置，如图 6-48 所示。

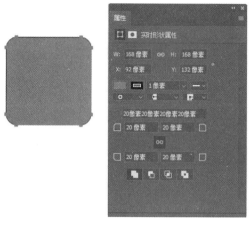

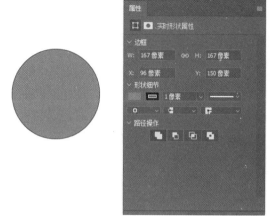

图 6-47　绘制圆角矩形并设置属性　　　　　图 6-48　绘制椭圆并设置属性

（2）多边形工具

多边形工具属性栏中有一个"边"参数，它用于设置多边形的边数。多边形工具属性栏如图 6-49 所示，其中各选项的含义如下。

- 半径：用于设置多边形的中心点到各顶点的距离。
- 平滑拐角：选中该复选框，可将多边形的顶角设置为平滑效果。
- 星形：选中该复选框，可将多边形的各边向内凹陷，从而成为星形。
- 缩进边依据：若选中"星形"复选框，可在此文本框中设置星形的凹陷程度。
- 平滑缩进：选中该复选框，可采用平滑的凹陷效果。

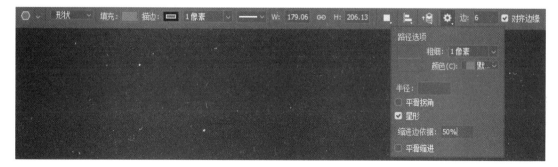

图 6-49　多边形工具属性栏

6.2.2　创建自定义形状

如果想绘制的形状使用矩形工具、圆角矩形工具、椭圆形工具、多边形工具或直线工具都无法完成，此时，可以使用自定义图形中的一些默认图案来创建。

6-6
创建自定义形状

1. 绘制系统默认自定义形状

绘制一个 e-mail 按钮,且前景色为绿色。首先使用圆角矩形工具█绘制一个圆角矩形背景,如图 6-50 所示;然后把前景色设置为白色,再选中自定义形状工具█,在其 "形状"下拉列表中选择 "信封 2"形状,绘制其图标。最终效果如图 6-51 所示。

图 6-50　绘制圆角矩形背景　　　　　　　图 6-51　绘制 e-mail 按钮

2. 定义自定义形状

如果 "自定义形状工具"属性栏中的 "形状"下拉列表中没有所需的形状,也可以进行自定义形状绘制。

下面来定义一朵祥云图案的自定义形状,具体步骤如下。

1)使用钢笔工具█,绘制路径所需要的形状外轮廓路径,如图 6-52 所示。

2)使用路径选择工具█,将路径选中,执行 "编辑"→ "定义自定义形状"命令,弹出 "形状名称"对话框,如图 6-53 所示,输入新形状的名称 "中国风祥云",然后单击 "确定"按钮。

图 6-52　绘制 "中国风祥云"形状　　　　　　图 6-53　"形状名称"对话框

3)选中自定义形状工具█,在其属性栏中,单击 "形状"下拉按钮,在下拉列表中显示刚刚完成的自定义形状,如图 6-54 所示。

图 6-54　自定义形状工具的 "形状"下拉列表

6.2.3 路径填充与描边

1. 填充路径

在 Photoshop 中可以以当前的路径为基础，进行颜色填充和描边，操作步骤如下。

6-7
路径填充与描边

1）新建一幅宽和高都为 600 像素的文档，然后使用自定义形状工具 ，在其属性栏的"形状"下拉列表中单击右侧的设置按钮 ，在弹出的菜单中选择"装饰"命令，此时将弹出"是否用动物中的形状替换当前的形状？"提示对话框，如图 6-55 所示，单击"追加"按钮。

2）使用自定义形状工具 ，选择"路径"模式，单击"形状"下拉按钮，即可显示刚刚完成的自定义形状，如图 6-56 所示。

图 6-55 提示对话框

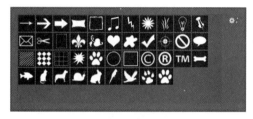

图 6-56 "形状"下拉按钮

3）选择"兔子"形状，在文档中按住〈Shift〉键，使用自定义形状工具 绘制"兔子"形状，如图 6-57 所示。单击"路径"面板中的"用前景色填充路径"按钮 ，即可完成路径填充，效果如图 6-58 所示。

图 6-57 绘制"兔子"形状

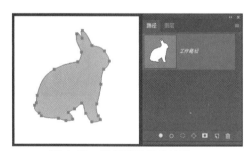

图 6-58 填充路径后的效果

如果想填充更加丰富的效果，可以在单击"用前景色填充路径"按钮 的同时，按住〈Alt〉键盘，这时会弹出"填充路径"对话框，可以根据需要设置相关的填充参数。

2. 描边路径

在默认情况下，单击"路径"面板中的"用画笔描边路径"按钮 可以实现以当前的绘图工具进行描边的路径操作。

如果按住〈Alt〉键，再单击"用画笔描边路径"按钮 ，会弹出"描边路径"对话框，如图 6-59 所示。"描边路径"对话框中罗列了各种绘图工具，如果选中"画笔"工具，设置画笔形状为"硬边圆"、画笔大小为"20 像素"（见图 6-60）。若要设置画笔工具的详细参数，按〈F5〉键，弹出"画笔设置"面板，设置画笔笔尖形状的间距为 200%，如图 6-61a 所示。选中"形状动态"复选框，参数设置如图 6-61b 所示。

图 6-59 "描边路径"对话框

图 6-60 画笔设置

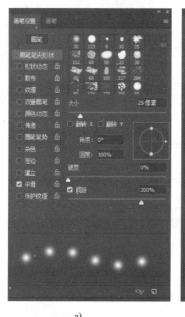

a)

b)

图 6-61 画笔的间距与"形状动态"选项

a) 设置画笔笔尖形状的间距 b) 画笔笔尖"形状动态"参数设置

选择刚刚绘制的兔子,将前景色设置为深红色,单击"用画笔描边路径"按钮 ,效果如图 6-62 所示。

图 6-62 描边后的路径

6.2.4 路径运算

在设计过程中，经常需要创建较复杂的路径，利用路径运算功能可将多个路径进行相减、相交、组合等运算。

创建一个形状图形后，启用不同的运算功能，继续创建形状图形，会得到不同的运算结果，如图 6-63 所示。

6-8
路径运算

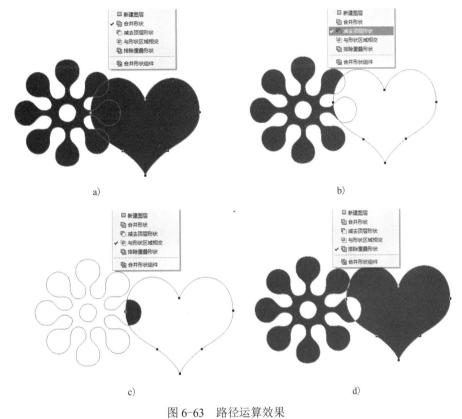

图 6-63 路径运算效果
a) 合并形状 b) 减去顶层形状 c) 与形状区域相交 d) 排除重叠形状

6.2.5 案例实现过程

本例主要模拟设计手机的应用界面，采用扁平化的设计思路，注重细节处理。核心技能要点：文字工具、钢笔工具、图形工具，路径与图形的计算等。

6-9
红色记忆音乐
播放器界面

本案例操作步骤如下。

1）打开 Photoshop，执行"文件"→"新建"命令，设置宽度为 720 像素、高度为 1280 像素。执行"文件"→"存储"命令，将文档保存为"手机界面设计.psd"，设置前景色为红色（#bb0f00），按快捷键〈Alt+Delete〉填充前景色到背景图层。

2）在"图层"面板中单击"创建新组"按钮■，新建一个"背景"图层组，打开素材文件夹中的"红色背景.jpg"图片，将其拖动到当前文档中，同时调整图像的位置，执行"编辑"→"自由变换"命令，调整图像的大小，效果如图 6-64 所示，"图层"面板如图 6-65 所示。

图 6-64　设置背景素材　　　　　　　　　图 6-65　"图层"面板

3）单击"图层"面板中的"创建新的填充或调整图层"按钮 ，在弹出的下拉菜单中选择"照片滤镜"命令，在弹出的"属性"对话框中设置滤镜为"深红"、浓度为 60%，如图 6-66 所示。效果如图 6-67 所示。

图 6-66　设置"照片滤镜"属性　　　　　　　图 6-67　使用"照片滤镜"后的效果

4）在"图层"面板中单击"创建新组"按钮，新建一个"顶层图标"图层组，选中矩形工具，在其属性栏中选择工具模式为"形状"，并设置为"黑色"，在画面顶部绘制矩形，如图 6-68 所示。

5）选中钢笔工具，在其属性栏中选择工具模式为"形状"，并设置填充色为灰色（#a0a0a0），在画面顶部绘制三角形。再次选中钢笔工具，在其属性栏中选择"合并形状"选项，在三角形旁边绘制三个梯形，绘制的信号图标效果如图 6-69 所示。

图 6-68　绘制矩形　　　　　　　　　　　图 6-69　绘制信号图标

6）选中横排文字工具，在信号图标右侧输入"中国联通"，设置字体为"微软雅黑"、大小为 30 点，调整位置；在页面最右侧输入时间，例如 11:11，设置字体为 Arial、大小为 30 点，调整位置。效果如图 6-70 所示。

7）选中矩形工具，在其属性栏中选择工具模式为"形状"，并设置为亮绿色（#3acd06），在画面顶部绘制矩形，用来表示手机的电量。选中横排文字工具，在电量图标的左侧输入文字"100%"，设置字体为"微软雅黑"、大小为 30 点。效果如图 6-71 所示。

图 6-70　输入顶部文本信息　　　　　　　　　　图 6-71　绘制电量信息

8）在"图层"面板中单击"创建新组"按钮，新建一个"界面文本"图层组。选中横排文字工具，输入文字"MP3"，设置字体为 Broadway、大小为 100 点，调整位置；继续使用横排文字工具，输入文字"音乐播放器"，设置大小为 80 点，调整位置。效果如图 6-72 所示。

9）前景色设置为白色，使用直线工具绘制高度为 4 像素的进度条；采用同样的方式，绘制高度为 6 像素的黄色进度条；使用椭圆工具，按住〈Shift〉键绘制直径为 16 像素的进度圆点。效果如图 6-73 所示。

图 6-72　输入 MP3 相关文本信息　　　　　　　图 6-73　绘制进度条

10）在"图层"面板中选择文本"MP3"，单击底部的"图层样式"按钮，在弹出的下拉列表中选择"投影"效果，在打开的"图层样式"对话框中设置"投影"参数，混合模式为"正片叠底"、不透明度为40%、距离为 8 像素、扩展为 5%、大小为 8 像素，如图 6-74 所示。

11）在"图层"面板中选择文本"MP3"，单击"效果"图标，按〈Alt〉键，拖动"效果"到文本"音乐播放器"的上方，实现文本样式的复制，效果如图 6-75 所示。

12）继续使用横排文字工具输入播放时刻 00:50，大小为 6 点，调整位置将其放到进度条的左侧；同样使用横排文字工具输入播放时刻 03:18，调整位置将其放到进度条的右侧。效果如图 6-76 所示。

13）继续使用横排文字工具输入歌曲名称"唱支山歌给党听"，颜色为黄色、大小为 10 点，调整位置；同样输入歌词"母亲只生了我的身""党的光辉照我心""旧社会鞭子抽我身"，设置文字大小为 6 点，"党的光辉照我心"的文字颜色为黄色，其他两句的文字颜色为白色，调整位置。效果如图 6-77 所示。

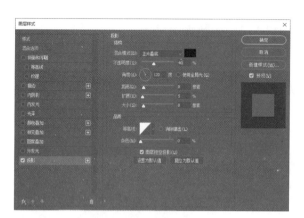

图 6-74　设置投影效果

图 6-75　文字的投影效果

图 6-76　输入播放时间

图 6-77　输入歌词

14）在"图层"面板中单击"创建新组"按钮■，新建一个"菜单图标"图层组。选中椭圆工具，在其属性栏中选择工具模式为"形状"，并设置为白色，按快捷键〈Alt+Shift〉在画面中央绘制正圆，如图 6-78 所示；再次选中椭圆工具，在其属性栏中选择"减去顶层形状"选项，在画面中绘制同心圆。效果如图 6-79 所示。

15）选中多边形工具，在其属性栏中选择工具模式为"形状"，设置边为 3，取消选中"星形"复选框，选择"合并形状"选项，在画面中绘制三角形，按快捷键〈Ctrl+T〉，旋转并调整三角形的大小与位置。最后效果如图 6-80 所示。

图 6-78　绘制正圆

图 6-79　绘制同心圆实现圆环

图 6-80　绘制三角形

16）选中椭圆工具，在其属性栏中选择工具模式为"形状"，并设置颜色为白色，按快捷键〈Alt+Shift〉在画面中央绘制正圆；再次选中椭圆工具，在属性栏中选择"减去顶层形状"选项，按快捷键〈Alt+Shift〉在画面中绘制同心圆。效果如图 6-81 所示。

17）选中矩形工具，在其属性栏中选择工具模式为"形状"，选择"减去顶层形状"选项，在圆环左侧绘制矩形，实现删除一个矩形区域，同样，在圆环右侧绘制矩形，删除矩形区域，效果如图 6-82 所示。同样，删除纵向的矩形区域，效果如图 6-83 所示。

图 6-81　绘制同心圆　　　　图 6-82　删除横向矩形　　　　图 6-83　删除纵向矩形

18）选择刚绘制的圆圈，在"图层"面板中设置不透明度为 40%，效果如图 6-84 所示。

19）选中自定义形状工具，在其属性栏中选择工具模式为"形状"，在"形状"下拉面板右上角的"设置"菜单中选择"全部"命令，设置颜色为白色，在形状列表中选择"搜索"图标，如图 6-85 所示。在画面中绘制"搜索"图标。

20）选中竖排文字工具，在"搜索"图标右侧输入文字"歌曲搜索"，设置字体为"黑体"、大小为 30 点，调整位置，效果如图 6-86 所示。

图 6-84　设置不透明度　　　　图 6-85　选择"搜索"图标　　　图 6-86　绘制"搜索"图标并输入文字

21）选中自定义形状工具，选择"主页"图标，绘制白色"主页"形状。使用横排文字工具输入文字"本地音乐"，字体、大小与"搜索歌曲"相同；使用自定义形状工具，选择"信封

1"图标，绘制白色形状，使用横排文字工具输入文字"音乐分享"，字体、大小与"搜索歌曲"相同；使用自定义形状工具，选择"存储"图标，绘制白色形状，使用竖排文字工具输入文字"歌曲下载"，字体、大小与"搜索歌曲"相同。最终效果如图 6-44 所示。

6.2.6 应用技巧

在使用 Photoshop 路径时，有很多技巧，如果能熟练掌握，将大大提高工作效率。

技巧 1：在勾勒路径时，最常用的操作还是像素的单线条勾勒，但此时会出现有锯齿的问题，很影响效果。此时，不妨先将路径转换为选区，然后对选区进行描边处理，这样可以得到原路径的线条，也可以消除锯齿。

技巧 2：使用笔形工具制作路径时，按住〈Shift〉键可以强制路径或方向线成水平、垂直或 45°角，按住〈Ctrl〉键可暂时切换到路径选取工具，按住〈Alt〉键在黑色节点上单击，可以改变方向线的方向，使曲线能够转折。按〈Alt〉键，用路径选取工具单击路径会选取整个路径，直接实现路径的复制；要同时选取多个路径，可以按住〈Shift〉键后逐个单击。

6.3 项目实践

1. 中国青年志愿者标志整体构图为心的造型，同时也是英文"青年"第一个字母 Y；图案中央既是手，也是鸽子的造型，寓意青年志愿者向需要帮助的人们奉献一份爱心，伸出友爱之手。中国青年志愿者立足新时代、展现新作为，弘扬奉献、友爱、互助、进步的志愿精神，以实际行动书写新时代的雷锋故事。制作说明：图案中白色为纯白色，红色色号为 M100Y100。下载中国青年志愿者标志，自己完成图标的模仿绘制，效果如图 6-87 所示。

2. 使用路径工具绘制矢量人物插画，如图 6-88 所示。

图 6-87　中国青年志愿者标志

图 6-88　矢量人物插画

模块 7　蒙版应用

7.1　案例1：茶文化宣传海报设计

中国茶文化是中国制茶、饮茶的文化。中国是茶的故乡，中国人发现并利用茶，据说始于神农时代，至今有几千年了。直到现在，民间还有以茶代礼的风俗。本案例将通过制作茶文化为主题的宣传海报，展示我国茶文化，效果如图7-1所示。

图 7-1　茶文化宣传海报

7.1.1　认识蒙版

图层蒙版就像在当前图层上面覆盖的一层"玻璃片"，这种"玻璃片"有透明的、半透明的、完全不透明的。图层蒙版是 Photoshop 中一项十分重要的功能。用各种绘图工具在蒙版上（即"玻璃片"上）涂色（只能涂黑、白、灰色）。涂黑色的地方，蒙版变为完全透明的，看不见当前图层的图像；涂白色的地方，蒙版变为不透明的，可看到当前图层上的图像；涂灰色的地方，蒙版变为半透明，透明的程度由灰色深浅决定。

下面通过一幅图片来认识一下蒙版，如图 7-2 所示，下面的背景层为"葡萄"图片，上层为"小鸟"图片，小鸟图层右侧的"黑白灰"渐变图层为"蒙版"层。

图 7-2　认识蒙版

通过图 7-2 可以看出，通过改变蒙版图层中黑白程度的变化，可以控制图像对应区域的显示或者隐藏状态，从而可以实现不同的特殊效果。例如，蒙版图层右侧的纯黑色区域把上层的"小鸟"图层的内容屏蔽了，左侧的白色区域则完全显示了上层小鸟的图像内容，其他区域在蒙版中使用了自左向右从白色到黑色的渐变，从而使"小鸟"与背景的"葡萄"融为了一体。总结一下可以得到以下三点。

第一，蒙版中黑色区域部分可以使图像对应的区域被隐藏，显示底层图像。

第二，蒙版中白色区域部分可以使图像对应的区域显示。

第三，如果有灰色部分，则会使图像对应的区域半隐半显。

蒙版共分为四种，分别为：快速蒙版、图层蒙版、剪贴蒙版，以及矢量蒙版。虽然分类不同，但是这些蒙版的工作方式是相同的。

7.1.2 使用快速蒙版

使用快速蒙版可以快速创建需要的选区，在快速蒙版模式下可以使用各种编辑工具或滤镜命令对蒙版进行编辑。

快速蒙版主要是以绘图的方式创建各种随意的选区。与其说它是蒙版的一种，不如说它是选区工具的一种。

7-2
使用快速蒙版

下面通过一个实例来学习一下快速蒙版的使用。

1）打开素材文件夹中的"小猫.jpg"图像（见图 7-3），在工具箱中单击"以快速蒙版模式编辑"按钮◙或者按〈Q〉键，进入快速蒙版模式编辑状态，按钮变为◙状态，"图层"面板中的图层也会变成半透明的红色。在这种模式下可以使用画笔工具、橡皮工具、渐变工具、油漆桶工具等。快速蒙版只能通过黑、白、灰进行绘制，使用黑色绘制的部分在画面中呈现出被半透明的红色覆盖的效果，使用白色画笔可以擦掉"红色部分"，灰色绘制的为半透明区域，类似羽化效果。使用画笔工具绘制后的效果如图 7-4 所示。

图 7-3 "小猫"素材　　　　　　　　　　图 7-4 快速蒙版绘制

2）继续使用画笔工具，将前景色设置为白色，画笔设置为"旧版画笔"中的"特殊效果画笔"中的"杜鹃花串"，在红色区域绘制图案，如图 7-5 所示。

3）在工具箱中单击"以标准模式编辑"按钮◙退出快速蒙版状态，执行"选择"→"反向"命令（快捷键为〈Ctrl+Shift+I〉），将选区填充为白色后的效果如图 7-6 所示。

图 7-5 在快速蒙版状态下绘制杜鹃花图案　　　　图 7-6 选区填充为白色后的效果

总之，利用快速蒙版可以建立不规则选区，这种选区的随意性和自由性很强，是利用选框工具得不到的特殊选区。此外，还可以对选区进行滤镜操作。

7.1.3　使用图层蒙版

图层蒙版可以让图层中的图像部分显现或隐藏。用黑色绘制的区域是隐藏的，用白色绘制的区域是可见的，而用灰度绘制的区域则会出现在不同层次的透明区域中。

7-3
使用图层蒙版

可以简单理解图层蒙版为：与图层捆绑在一起，用于控制图层中图像的显示与隐藏的蒙版，且此蒙版中装载的全部为灰度图像，并以蒙版中的黑、白图像来控制图层缩览图中图像的隐藏或显示。图层蒙版的最大优势是在显示或隐藏图像时，所有操作均在蒙版中进行，不会影响图层中的图像。

通过一个例子来学习一下图层蒙版的创建过程。

1）打开两幅素材图像，"金秋.jpg"（见图 7-7）和"窗户相框门.jpg"（见图 7-8）。

图 7-7　素材"金秋"

图 7-8　素材"窗户相框门"

2）使用"移动工具"将素材"窗户相框门.jpg"拖至素材"金秋.jpg"的上方，调整大小与位置后效果如图 7-9 所示。

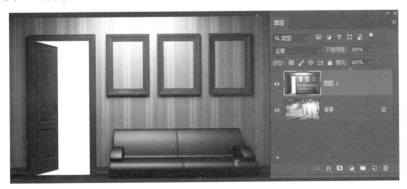

图 7-9　图像简单组合后的层次关系

3）使用魔棒工具选择图 7-9 中的白色区域，切换到矩形选框工具，按住〈Shift〉键使用矩形选框工具选择三个相框区域，然后执行"选择"→"反向"命令（快捷键为〈Ctrl+Shift+I〉），实现选择白色及三个相框以外的区域。

4）单击"图层"面板底部的"添加图层蒙版"按钮，创建一个图层蒙版，如图 7-10 所示。这样就实现了门和窗户展现自然美景的效果。

图 7-10　图层蒙版使用后的页面效果

在整个蒙版创建完成后，按〈Alt〉键再单击图 7-10 中"图层"面板的蒙版缩略图，就能显示图层蒙版的具体内容，如图 7-11 所示。

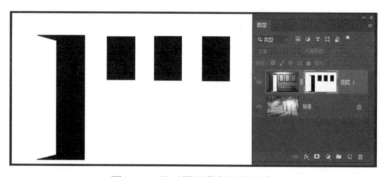

图 7-11　显示图层蒙版具体信息

如果按〈Ctrl〉键再单击图 7-11 中"图层"面板的蒙版缩略图，可以将图层蒙版中的白色区域变成选区。

单击"图层"面板底部的"添加图层蒙版"按钮■，可以创建一个白色图层蒙版。按住〈Alt〉键单击该按钮可以创建一个黑色图层蒙版。创建蒙版后既可以在图像中操作，也可以在蒙版中操作。以白色蒙版为例，创建后蒙版缩略图显示一个矩形框，说明该蒙版处于编辑状态，这时在画布中绘制黑色图像后，绘制的区域将图像隐藏。单击图像缩略图进入图像编辑状态，在画布中绘制黑色图像，呈现黑色图像。

如果将图 7-11 中三个画框的区域填充为从黑色到白色的渐变，则会实现从上到下完全不透明到透明的效果，如图 7-12 所示。

a)

b)

图 7-12　蒙版的黑白与图层效果的对比

a) 蒙版　b) 使用蒙版后的效果

7.1.4　使用剪贴蒙版

剪贴蒙版是一种常用于混合文字、形状与图像的技术。剪贴蒙版由两个以上的图层构成，处于下方的图层称为基层，用于控制其上方图层的显示区域，而其上方的图层则被称为内容图层。在每一个剪贴蒙版中，基层都只有一个，而内容图层可以有若干个。

7-4
使用剪贴蒙版

1. 创建剪贴蒙版

新建一个 Photoshop 文档，打开素材文件夹中的"竹海.jpg"，使用文字工具输入"绿水青山就是金山银山"，将素材"竹海.jpg"拖到"绿水青山就是金山银山"的上方，如图 7-13 所示。

图 7-13　调整图片与文字的层次关系

当"图层"面板中存在两个或者两个以上的图层时，如图 7-13 所示，就可以创建剪贴蒙版了。操作方法是：选择"图层"面板中的"图层 2"（竹海.jpg），执行"图层"→"创建剪贴蒙版"命令，该图层会与其下方图层创建剪贴蒙版，如图 7-14 所示。

图 7-14　创建剪贴蒙版

创建剪贴蒙版后，发现蒙版中下方图层名称带有下划线，内容图层的缩略图是缩进的，并且显示一个剪贴蒙版图标。而画布中的图像也会随之发生变化。

创建剪贴蒙版后，蒙版中的两个图层中的图像均可以随意移动。如果是移动下方图层的图像，那么会在不同位置显示上方图层中的不同区域图像；如果移动上方图层的图像，那么会在同一位置显示该图层不同区域的图像，并且可能会显示出下方图层中的图像。

剪贴蒙版的优势就是形状图层可以应用于多个图层，只要将其他图层拖至蒙版中即可，但只有最上方的图层显示其图像。

在 Photoshop 中，文字图层、填充图层等均可以创建剪贴蒙版。当遇到两幅图像合成为一幅图像时，可以使用填充图层剪贴蒙版。操作方法是：在两幅图像所在的图层中间创建渐变填充图层，将渐变设定为"前景色到透明渐变"的方式，然后将渐变填充图层与其上方图像图层创建剪贴蒙版即可，如图 7-15 所示。

图 7-15　渐变填充与形状创建蒙版

2. 编辑剪贴蒙版

创建剪贴蒙版后，还可以对其中的图层进行编辑，例如图层的不透明度与图层混合模式等，这些均可以在剪贴蒙版中的所有图层中编辑。剪贴蒙版使用下方图层的不透明度可以控制整个剪贴蒙版组的不透明度；而调整上方的内容图层只是控制其自身的不透明度，不会对整个剪贴蒙版产生影响。将图 7-15 下方剪贴蒙版图层不透明度设为 75%，将图层混合模式设为"溶解"，整个效果如图 7-16 所示。

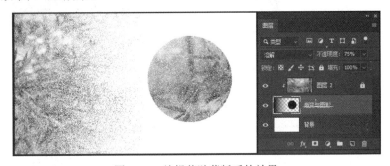

图 7-16　编辑剪贴蒙版后的效果

7.1.5　使用矢量蒙版

图层蒙版是依靠路径来限制图像的显示与隐藏，因此它创建的都是具有规则边缘的蒙版。矢量蒙版是通过钢笔工具或者形状工具所创建的矢量图形，因此在输出时矢量蒙版的光滑度与分辨率无关，能够以任意一种分辨率进行输出。

矢量蒙版可在图层上创建锐边形状，因为矢量蒙版是依靠路径图形来定义图层中图像的显示区域。与剪贴蒙版不同的是，它仅能作用于当前图层，并且与剪贴蒙版控制图像显示区域的方法也不尽相同。

1. 创建矢量蒙版

下面通过一个例子来学习一下"矢量蒙版"的创建过程。

1）打开素材文件夹中的图片素材"彩虹背景.jpg"，使用文字工具输入"走进新时代"，调整文字的大小，效果如图 7-17 所示。

2）选择文字所在的图层，执行"文字"→"创建工作路径"命令，将文字转换为工作路径，如图 7-18 所示。

图 7-17　输入文字

图 7-18　将文字转换为工作路径

3）选择"路径"面板中的"走进新时代"工作路径，在"图层"面板中隐藏"走进新时代"图层，选择"彩虹"图层，执行"图层"→"矢量蒙版"→"当前路径"命令，将文字路径就转换为矢量蒙版，在底层添加一个白色的背景图层，效果如图 7-19 所示。

图 7-19　矢量蒙版的效果

通常，执行"图层"→"矢量蒙版"→"显示全部"命令，可以创建显示整个图层图像的矢量蒙版；执行"图层"→"矢量蒙版"→"隐藏全部"命令，可以创建隐藏整个图层图像的矢量蒙版。前者创建的矢量蒙版呈现白色，后者呈现灰色。创建矢量蒙版后，还可以在蒙版中添加路径形状来设置蒙版的遮罩区域，选中自定形状工具后，启用工具属性栏中的"路径"选项与"计算路径"选项，在矢量蒙版中计算路径。蒙版中的路径和"路径"面板中的一样，可以进行编辑。

2. 将矢量蒙版转换为图层蒙版

对于一个矢量蒙版，它比较适用于为图像添加边缘界限明显的蒙版效果，但仅能用钢笔工具、矩形工具等对其编辑。这时，可以通过将矢量蒙版栅格化，从而将其转换为图层蒙版，再继续使用其他绘图工具进行编辑。操作方法是：执行"图层"→"栅格化"→"矢量蒙版"命令，或者在要栅格化的蒙版缩略图上右击，在弹出的菜单中选择"栅格化矢量蒙版"命令即可。

7.1.6 案例实现过程

本案例主要使用快速蒙版及图层蒙版控制图片显示的方式来实现，具体操作步骤如下。

7-6
茶文化宣传海
报设计

1. 创建整体背景

1）使用 Photoshop 创建一个宽为 1000 像素、高为 1400 像素的文档。在"图层"面板中创建一个新图层组，命名为"整体背景"。

2）将前景色设置为绿色（#479f2f），选中画笔工具，在"画笔预设"中选择"干介质画笔"中的"厚实碳画笔"，在整体背景图层组中新建一个图层，并命名为"画笔绘制"，使用画笔工具绘制绿色背景，效果如图 7-20 所示。

3）打开素材图片"朦胧茶山.jpg"，将其拖入文档中，并将其所在图层命名为"朦胧茶山"，调整其大小且将其放置在绘制的绿色背景上方。单击"图层"面板底部的"添加图层蒙版"按钮 📧，创建一个图层蒙版，将前景色设置为黑色，画笔设置为"柔边缘"，在蒙版中将底部涂为黑色，效果如图 7-21 所示。

2. 绘制茶田效果

1）在"图层"面板中创建一个新图层组，命名为"茶田"。将前景色设置为绿色（#479f2f），选中画笔工具，在"画笔预设"中选择"干介质画笔"中的"KYLE 厚实碳画笔"，在整体背景图层组中新建一个图层，并命名为"画笔绘制"，使用画笔工具绘制绿色背景，效果如图 7-20 所示。

图 7-20　绘制的绿色背景效果

图 7-21　设置素材与蒙版

2）打开素材图片"绿色水彩.png"，将其拖入文档中，并将其所在图层命名为"绿色水彩"，调整其大小且将其放置在绘制的绿色背景上方，效果如图 7-22 所示。也可以根据需要使用画笔工具自行绘制类似效果，但需要设置画笔为"湿介质画笔"中的"KYLE 墨水盒画笔"，不断变换调整画笔大小，同时设置不透明度为 50%左右、流量为 60%左右，实现效果一致。

3）打开素材图片"茶山.jpg"，将其拖入文档中，并将其所在图层命名为"茶山"，调整大小与位置，效果如图 7-23 所示。

4）选择上层的"茶山"，执行"图层"→"创建剪贴蒙版"命令（快捷键为〈Ctrl+Alt+G〉），该图层会与其下方图层创建剪贴蒙版。也可以将指针放到两层中间，按键盘上的〈Alt〉键，当指针变换为■时，单击即可。效果如图 7-24 所示。

5）为了减少"茶山"图像中的深色调部分，单击"图层"面板底部的"添加图层蒙版"按钮■，创建一个图层蒙版，将前景色设置为黑色，画笔设置为"柔边缘"，在蒙版中将茶山暗色的部分涂为黑色，效果如图 7-25 所示。

图 7-22　导入或绘制绿色水彩背景

图 7-23　导入"茶山"后的效果

图 7-24　创建剪贴蒙版后的效果

图 7-25　减少"茶山"深色调后的效果

6）打开素材图片"远山.jpg"，将其拖入文档中，并将其所在图层命名为"远山"，调整大小与位置，效果如图 7-26 所示。

7）为了减少"远山"图像中的深色调部分，单击"图层"面板底部的"添加图层蒙版"按钮■，创建一个图层蒙版，将前景色设置为黑色，画笔设置为"柔边缘"，在蒙版中将远山下方的区域涂为黑色。选择"远山"图层，执行"图层"→"创建剪贴蒙版"命令（快捷键为〈Ctrl+Alt+G〉），该图层会与其下方图层创建剪贴蒙版，效果如图 7-27 所示。

3. 制作茶杯效果

1）在"图层"面板中创建一个新图层组，命名为"茶杯"。打开素材图片"绿茶茶杯.tif"，选择"茶杯"选区，将其粘贴到文档中，调整茶杯大小与位置，效果如图 7-28 所示。

2）打开素材图片"墨韵.jpg"，选择"墨韵"选区，并将其粘贴到文档中，如图 7-29 所示。执行"图像"→"调整"→"色彩平衡"命令（快捷键为〈Ctrl+B〉）打开"色彩平衡"对话框，设置色阶为"+100，+100，-50"，再设置图层的混合模式为"颜色加深"，从而实现"茶杯"的阴影立体感，调整茶杯大小与位置，效果如图 7-30 所示。

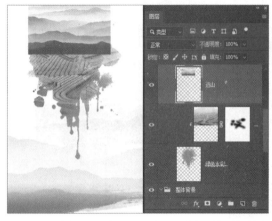

图 7-26　插入"远山"后的效果　　　　图 7-27　"远山"添加图层蒙版与剪贴蒙版后的效果

图 7-28　插入"绿茶茶杯"后的效果　　图 7-29　插入"墨韵"后的效果　　图 7-30　调色和设置混合模式

3）打开素材图片"茶树叶.jpg"，使用多边形套索工具将其茶叶嫩芽选中，并复制到文档中，将其所在图层命名为"嫩芽"，调整大小与位置。单击"图层"面板底部的"添加图层蒙版"按钮，创建一个图层蒙版，将前景色设置为黑色，画笔设置为"柔边缘"，将嫩芽底部涂为黑色增强效果。整体效果如图 7-31 所示。

4）继续打开素材图片"茶树叶.jpg"，使用多边形套索工具选中并复制其他几个嫩芽到文档中，调整大小与位置，效果如图 7-32 所示。

4．制作文字效果

1）在"图层"面板中创建一个新图层组，命名为"文字"。打开素材图片"茶字.tif"，将"茶"字粘贴到文档中，调整"茶"字的大小与位置，效果如图 7-33 所示。

2）前景色设置为绿色（# 71b35a），使用自定义形状工具，选择"圆形边框"形状，在"像素模式"下绘制两个圆环，效果如图 7-34 所示。

3）单击"图层"面板底部的"添加图层蒙版"按钮，创建一个图层蒙版，将前景色设置为黑色，画笔设置为"柔边缘"，将两个圆环交接的部分涂为黑色，使其产生双环背景，使用文字工具输入文字"香叶"，整体效果如图 7-35 所示。

图 7-31 插入"嫩芽"图层并设置蒙版

图 7-32 复制"嫩芽"图层后的效果

图 7-33 插入"茶"字后的效果

图 7-34 绘制双圆环

图 7-35 添加图层蒙版并插入文字

4）模仿制作文字"香叶"的方式，选择"双圆圈"图层，执行"图层"→"复制图层"命令（快捷键为〈Ctrl+J〉），制作"嫩芽"两个字，效果如图 7-36 所示。

5）使用竖排文字工具，输入"茶 香叶 嫩芽 慕诗客 爱僧家 碾雕白玉……"，设置文字大小为 6 点、字体为"华文隶书"、颜色为绿色，效果如图 7-37 所示。

图 7-36 插入"嫩芽"文字后的效果

图 7-37 插入说明文字的效果

6）整体调整大小与位置，最终效果如图 7-1 所示。

7.1.7　应用技巧

技巧1：创建图层蒙版后，还可以在画布中显示蒙版内容，方法是按住〈Alt〉键单击蒙版缩略图。

技巧2：按住〈Shift〉键单击缩略图可将蒙版关闭。

技巧3：按住〈Alt〉和〈Shift〉键单击蒙版缩略图，可以在画布中显示彩色蒙版，类似快速蒙版的显示效果。

技巧4：要想将某一图层的蒙版复制到其他图层，可以结合〈Alt〉键拖动蒙版缩略图到想要复制的图层。直接单击并拖动图层蒙版缩略图，可以将该蒙版转移到其他图层。如果结合〈Shift〉键再拖动蒙版缩略图，除了将该图蒙版转移到其他图层外，还将转移后的蒙版反相处理，即蒙版与显示的区域相反。

7.2　案例2：探秘海洋海报设计

为了满足人们对海洋的好奇心，开阔视野，走进"海洋世界"，一同感受缤纷海底世界、神秘海洋生物。本案例效果如图7-38所示。

图7-38　探秘海洋海报设计效果

7.2.1　编辑与修改图层蒙版

当图像蒙版创建完成后，可以对蒙版进行相关的编辑、应用、删除、停用和取消链接等操作。

7-7
编辑与修改图层蒙版

1. 编辑图层蒙版

要对图层蒙版进行编辑，只需要按住〈Alt〉键单击"图层"面板中的蒙版缩略图，就能显示蒙版图层的具体内容。然后可以使用各种绘图工具，如画笔工具和渐变工具等，进行编辑操作。

2. 应用图层蒙版

应用图层蒙版可以减小图像文件。如图7-39a所示，右击图层蒙版缩略图，在弹出的菜单中选择"应用图层蒙版"命令，或者执行"图层"→"图层蒙版"→"应用"命令，也可以实现应用图层蒙版。应用图层蒙版后的效果和"图层"面板如图7-39b所示。

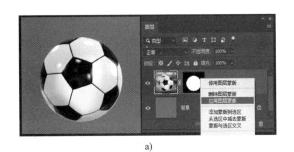

a)　　　　　　　　　　　　　　　　　　　b)

图 7-39　应用图层蒙版前后的效果和"图层"面板

a) 应用图层蒙版前　b) 应用图层蒙版后

可见，在应用图层蒙版后，蒙版中的黑色所对应的区域被删除了，而白色部分被保留了下来，同时减少了图层蒙版的图层，减小了图像文件的大小。

3.删除图层蒙版

要删除图层蒙版，首先选中需要删除的图层蒙版的缩略图，然后单击"图层"面板下方的"删除图层"按钮，在弹出的对话框中单击"删除"按钮即可实现将图层与蒙版一并删除。如果在图 7-39a 中单击"删除图层蒙版"按钮，则只会删除蒙版图层，图像效果本身不变。当然，还可以通过执行"图层"→"图层蒙版"→"删除"命令来实现删除图层蒙版。

4.停用图层蒙版

要停用图层蒙版，首先选中需要停用的图层蒙版的缩略图，右击，在弹出的菜单中选择"停用图层蒙版"命令（见图 7-39a），即可实现停用图层蒙版。当然，还可以通过执行"图层"→"图层蒙版"→"停用"命令来实现。停用后的图像与"图层"面板如图 7-40 所示。

如果需要再次使用图层蒙版，再次选中图层蒙版的缩略图，右击，在弹出的菜单中选择"启用图层蒙版"命令即可。

5.取消链接

在默认情况下图层蒙版创建后，图像层与蒙版层是通过链接捆绑在一起的，会一起移动，如果要取消图层蒙版的链接，首先选中需要取消链接的图层蒙版的缩略图，执行"图层"→"图层蒙版"→"取消链接"命令即可。取消链接后的图像与"图层"面板如图 7-41 所示，图像层与蒙版层中间的链接图标消失了。

图 7-40　停用图层蒙版的图像与"图层"面板　　　图 7-41　取消链接后的图像与"图层"面板

7.2.2　转换选区与蒙版

选区转换为图层蒙版的方法很简单，打开素材文件"复兴号.jpg"，使用椭圆工具配合

〈Shift〉键绘制一个圆形，右击，在弹出的菜单中选择"羽化"命令，设置羽化值为 30 像素。素材与"图层"面板如图 7-42a 所示。选区创建后，单击"图层"面板底部的"添加图层蒙版"按钮，直接在选区中填充白色，在选区外填充黑色，使选区外的图像被隐藏，如图 7-42b 所示。

7-8
转换选区与蒙版

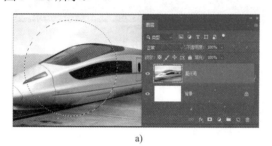

a)

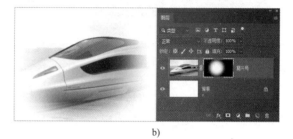

b)

图 7-42　选区转换为蒙版

a) 创建选区的图层　b) 选区转换为蒙版后的图层

如果要将图层蒙版转换为选区，只需要按住〈Ctrl〉键单击"图层"面板中的蒙版缩略图，蒙版图层中的白色区域即可变成选区。

7.2.3　认识图层蒙版与通道的关系

蒙版与通道都是 256 级色阶的灰度图像，它们有许多相同的特点，比如黑色代表隐藏区域、白色代表显示区域、灰色代表半透明区域，可以将通道转换为蒙版。

7-9
认识图层蒙版与通道的关系

以图 7-42 所示的选区向蒙版的转换为例，此时，打开"通道"面板，可以看到，在"通道"面板中多了一个 Alpha 通道，它其实就是一个选区，如图 7-43 所示。

图 7-43　认识图层蒙版与通道的关系

7.2.4　在图层蒙版中使用滤镜

创建图层蒙版后，可以结合滤镜命令创建出特殊的图层合成效果。在图层蒙版中，大部分滤镜命令均可以使用。以上面的"复兴号.jpg"素材为例，创建了 30 像素的羽化蒙版后，单击图层蒙版缩略图，使之处于编辑状态（周围显示白色边框），执行"滤镜"→"滤

7-10
在图层蒙版中使用滤镜

镜库"命令,在弹出的"滤镜库"面板中,选择"纹理"下的"染色玻璃"选项,蒙版变成了图 7-44a 所示的效果,单击"确定"按钮后,图像变成了图 7-44b 所示的效果。

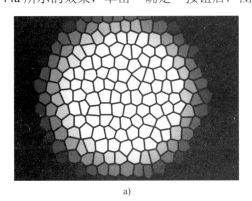 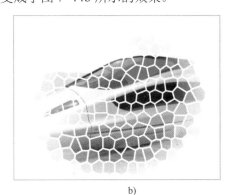

a)　　　　　　　　　　　　　　　　　　　　b)

图 7-44　蒙版应用滤镜

a) 蒙版的滤镜效果　b) 应用蒙版后的效果

大家可以选择其他滤镜效果加载到蒙版,查看效果。

7.2.5　使用图像制作蒙版

在 Photoshop 中,可以将通道转换为图层蒙版,也可以将外部图像复制到图层蒙版中,然后把外部彩色图像变成灰度图像,图层蒙版会根据不同程度的灰色隐藏图层内容。

7-11
使用图像制作蒙版

下面通过一个例子来学习一下使用图像制作图层蒙版的方法。

1)在 Photoshop 中新建一个文档,打开素材文件夹中的"竹海.jpg",将"竹海"素材图像拖入文档中,单击图层底部的"添加图层蒙版"按钮▣,添加一个新的图层蒙版,如图 7-45 所示。

2)打开素材文件夹中的"森林.jpg"素材图像,按快捷键〈Ctrl+C〉复制图像内容,在"图层"面板中按住〈Alt〉键单击蒙版缩略图,进入蒙版图层,按快捷键〈Ctrl+V〉将"森林"素材图像粘贴到蒙版图层中,此时,彩色图像转换为灰度图像,如图 7-46 所示。

图 7-45　添加图层蒙版　　　　　　　　　　图 7-46　将图像复制到图层蒙版

3)单击"竹海"缩略图,效果如图 7-47 所示。选择蒙版图层,执行"图像"→"调整"→"反相"命令,将蒙版图层中的颜色反相后,单击"竹海"图层,退出蒙版图层的编辑状态,效果如图 7-48 所示。

图 7-47　将图像应用到图层蒙版后的效果　　　　　图 7-48　将图像蒙版反相后的效果

7.2.6　案例实现过程

要表现海底世界的神秘感，可使用夸张的手法，模拟打开盒子的感觉，同时借鉴图像的蓝色色调展现一幅带有奇幻色彩的画面，依托清澈的蓝色调传达给观者清爽与神秘感。技术上主要依托图层蒙版、文字工具、画笔工具、图层的混合模式、"颜色填充"图层、"外发光"图层混合模式等。

7-12
探秘海洋海报设计

本案例操作步骤如下。

1．制作海底特效

1）打开 Photoshop，执行"文件"→"新建"命令，设置宽为 20 厘米、高为 12 厘米、分辨率为 150 像素/英寸。执行"文件"→"存储"命令，将文档保存为"探秘海洋海报设计.psd"。

2）在"图层"面板中单击"创建新组"按钮，新建一个"海底"图层组。打开素材文件夹中的"风景.jpg"图片，将其拖到文档中，调整图像的位置。单击"图层"面板下方的"添加蒙版"按钮，添加图层蒙版，设置前景色为黑色，使用画笔工具在蒙版中涂抹，以隐藏部分图像色调，效果如图 7-49 所示。

图 7-49　给海豚背景添加图层蒙版的效果

3）打开素材文件夹中的"水波纹.jpg"图片，将其拖到文档中，执行"编辑"→"自由变换"命令，调整图像的大小与位置，设置图层的混合模式为"叠加"。单击"图层"面板下方的"添加蒙版"按钮，添加图层蒙版，设置前景色为黑色，使用画笔工具在蒙版中涂抹，以隐藏部分图像色调，效果如图 7-50 所示。使用"水波纹.jpg"图片素材的主要目的是使用图像中的水波纹。

4）打开素材文件夹中的"珊瑚.jpg"图片，将其拖到文档中，执行"编辑"→"自由变换"命令，调整图像的大小与位置。单击"图层"面板下方的"添加蒙版"按钮，添加图层蒙版，设置前景色为黑色，使用画笔工具在蒙版中涂抹，以隐藏部分图像色调，效果如图 7-51 所示。

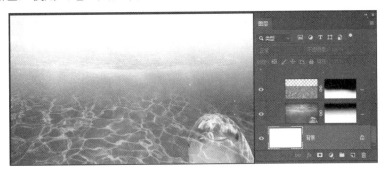

图 7-50　添加"水波纹"图片素材增加水的波纹感

图 7-51　添加"珊瑚"素材并设置蒙版后的效果

5）为进一步加强水底的效果，打开素材文件夹中的"海面.jpg"图片，将其拖到文档中，设置图层的混合模式为"柔光"；然后添加图层蒙版，使用画笔工具在蒙版中涂抹，进一步加强波纹的感觉。效果如图 7-52 所示。

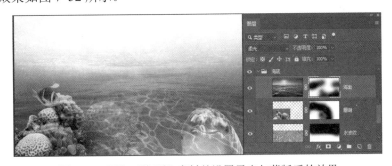

图 7-52　添加"海面"素材并设置柔光与蒙版后的效果

6）单击"图层"面板下方的"创建新的填充图层"按钮，在"珊瑚"图层上方创建"颜色填充"，设置颜色为墨绿色（#02440a）。同样，给填充图层添加图层蒙版，使用画笔工具在蒙版中涂抹，恢复局部色调，设置图层的混合模式为"色相"，按住〈Alt〉键在填充图层与"珊瑚"图层间创建剪贴蒙版，效果如图 7-53 所示。

2．制作立体效果

1）在"图层"面板中单击"创建新组"按钮，新建一个"立体"图层组，使用钢笔工具，在左侧绘制一个不规则形状，复制"形状 1"图层并调整位置。单击"图层"面板的"添加蒙版"按钮，添加图层蒙版，设置前景色为黑色，使用画笔工具在蒙版中涂抹，以隐藏部分图像色调，效果如图 7-54 所示。

图 7-53 为"珊瑚"添加填充颜色后的效果

图 7-54 添加立体背景的效果

2）继续使用钢笔工具，在左侧依次绘制背景形状、顶部左侧形状、顶部右侧形状，并结合图层蒙版和画笔工具隐藏部分图像色调，形成立体的水箱般的感觉，效果如图 7-55 所示。

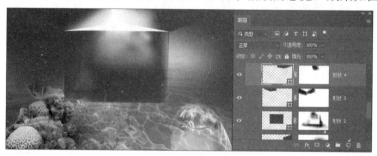

图 7-55 添加完整的立体背景

3）打开素材"海边风景.jpg"，将其复制到"立体"图层组形状图层的上方，选择"海边风景"，调整位置并为其添加蒙版，使用画笔工具在蒙版中涂抹，以隐藏部分图像色调，调整其混合模式为"柔光"，效果如图 7-56 所示。

图 7-56 添加"海边风景"背景立体图片的效果

4）使用同样的方法将"海边风景"图层多次复制，并调整其大小和位置，结合图形变换工具实现其在左侧、右侧、顶部的效果，如图 7-57 所示。

图 7-57　添加整体的立体效果

5）打开素材文件夹中的"乌龟.jpg"图片，将其拖到文档中，执行"编辑"→"自由变换"命令，调整图像的大小与位置，添加图层蒙版，以隐藏部分图像色调，效果如图 7-58 所示。

图 7-58　添加"海龟"后的立体效果

3. 制作装饰效果

1）在"图层"面板中单击"创建新组"按钮 ![img]，新建一个"装饰"图层组。打开素材文件夹中的"水花.png"图片，将其拖到文档中，执行"编辑"→"自由变换"命令，调整图像的大小与位置，设置其图层混合模式为"颜色减淡"，效果如图 7-59 所示。

图 7-59　添加"水花"后的效果

2）打开素材文件夹中的"潜水员.jpg"图片，将其拖到文档中，执行"编辑"→"自由变换"命令，调整图像的大小与位置，添加图层蒙版，以隐藏部分图像色调，效果如图 7-60 所示。

3）使用文字工具输入文字"探秘神秘海洋"，设置文字颜色为白色、字体大小为 42 像素，效果如图 7-61 所示。

图 7-60　添加"潜水员"后的效果

图 7-61　添加标题文字的效果

4）使用文字工具输入文字"保护海洋人人有责"，设置文字颜色为白色、字体大小为 30 像素，给文字设置 1 像素的深蓝色描边效果和投影效果；同样，输入文字"环境关系你我他　共同维护靠大家"，设置字体大小为 16 像素，按〈Alt〉键拖动"保护海洋人人有责"图层的样式到新输入的文字上。最终效果如图 7-38 所示。

7.2.7　应用技巧

技巧 1：当不想使用图层蒙版时，可以右击图层蒙版将其删除，或者按住〈Shift〉键单击蒙版将其停用。删除图层蒙版后不能恢复，但停用的图层蒙版，还可以启用后继续使用。

技巧 2：要为矢量蒙版添加路径，还可以将现有的路径复制到矢量蒙版中。

技巧 3：要编辑矢量蒙版中的路径，可以执行"编辑"→"自由变换路径"命令，对矢量蒙版中的路径进行缩放、旋转、透视等变形之后，图像会随之发生变化。

7.3　项目实践

依据素材图片（见图 7-62），使用蒙版功能，结合图层样式、图层混合模式等功能对图像进行处理，制作以文房四宝为主题的宣传海报，效果如图 7-63 所示。

图 7-62　文房四宝素材

图 7-63　文房四宝宣传海报

模块 8 通道应用

8.1 案例 1：龙凤呈祥婚纱照设计制作

婚纱照又名婚照、结婚照，是人们为纪念爱情和婚姻确立的标志性照片作品。本例应用通道来完成龙凤呈祥主题的婚纱照设计制作，效果如图 8-1 所示。

图 8-1 龙凤呈祥婚纱照效果

8.1.1 认识通道

无论 Photoshop 的通道有多少功能，归纳为一句话就是：通道就是选区。只要想修改一幅图像的任何部位，就需要接触到通道，否则是不可能改动图片中的任何一部分。通道具有存储图像的色彩信息、存储和创建选区、抠图等功能。

在 Photoshop 中，通道主要分为颜色通道、专色通道和 Alpha 选区通道三种，它们均以图标的形式出现在"通道"面板中，如图 8-2 所示。

图 8-2 认识通道

1．颜色通道

保存图像颜色信息的通道称为颜色通道。颜色通道把图像分解成一个或多个色彩成分，图像的模式决定了颜色通道的数量，RGB 模式有 3 个颜色通道；执行"图像"→"模式"→"CMYK 颜色"命令，即可看到 CMYK 图像有 4 个颜色通道；灰度图只有 1 个颜色通道。它们包含了所有将被打印或显示的颜色。

在图像中，像素点的颜色就是由这些颜色模式中的原色信息来描述的。所有像素点所包含的某一种原色信息，便构成了一个颜色通道。例如，一幅 RGB 图像中的红（Red）通道便是由图像中所有像素点的红色信息所组成的，同样，绿（Green）通道或蓝（Blue）通道则是由所有像素点的绿色信息或蓝色信息所组成的，它们都是颜色通道，这些颜色通道的不同信息配比便构成了图像中的不同颜色。

颜色通道都是黑、白、灰色，白色是当前通道中颜色较多的，如红通道，白色区域就是红色，黑色区域没有红色，灰色区域红色少，是浅红。在图 8-2 中，荷花区域之外的部分为白色（#ffffff），所以在红、绿、蓝三个颜色通道中都布满了各自的颜色，而红色通道的荷花形状部分明显比绿色和蓝色通道的颜色浅一些，因为整个荷花主题呈现为红色。

2．专色通道

专色通道是一种特殊的颜色通道，用来存储专色。专色是特殊的预混油墨，用来替代或者补充标准印刷色（CMYK）油墨，它可以使用除了青色、洋红、黄色、黑色以外的颜色来绘制图像。专色通道一般用得较少且多与打印相关。专色通道扩展了通道的含义，同时也实现了图像中专色版的制作。

每种专色在付印时要求使用专用的印版。也就是说，当一个包含有专色通道的图像进行打印输出时，这个专色通道会成为一张单独的页（即单独的胶片）被打印出来。

使用"通道"面板菜单中的"新专色通道"命令，或按住〈Ctrl〉键，单击"创建新通道"按钮，可弹出"新专色通道"对话框。在"油墨特性"选项区域中，单击颜色块可以打开"拾色器"对话框，选择油墨的颜色，该颜色将在印刷图像时起作用，这里的设置能够为用户更容易地提供一种专门油墨颜色；在"密度"文本框中则可输入 0%～100%的数值来确定油墨的密度。

3．Alpha 选区通道

Alpha 通道是计算机图形学中的术语，指的是特别的通道。Alpha 通道有两大用途：一是它可以将创建的选区保护起来，以后需要时可重新载入图像中使用；二是在保存选区时，它会将选区转换为灰度图像存储于通道中。

有时它特指透明信息，但通常的意思是"非彩色"通道。可以说在 Photoshop 中制作出的各种特殊效果都离不开 Alpha 通道，它最基本的用处在于保存选取范围，并不会影响图像的显示和印刷效果。在以快速蒙版制作选择区域时，"通道"面板中会出现一个以斜体字表示的临时蒙版通道，它表示蒙版所代替的选择区域，切换回正常编辑状态时，这个临时通道便会消失，而它所代表的选择区域便重新以虚线框的形式出现在图像之中。实际上，快速蒙版就是一个临时的选区通道。如果制作了一个选择区域，然后执行"选择"→"存储选区"命令，便可以将这个选择区域存储为一个永久的 Alpha 选区通道。此时，"通道"面板中会出现一个新的图标，它通常会以 Alpha1、Alpha2 等方式命名，这就是所说的 Alpha 选区通道。Alpha 选区通道是存储选择区域的一种方法，需要时，再次执行"选择"→"载入选区"命令，即可调出通道表示的选择区域。

8.1.2 认识"通道"面板

"通道"面板用于创建和管理通道。可以通过执行"窗口"→"通道"命令，打开"通道"面板，如图 8-3 所示，通道操作均可在此面板中完成。

8-2
认识"通道"
面板

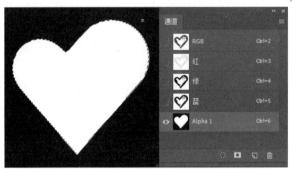

图 8-3 认识"通道"面板

"选区"Alpha 通道中白色代表已选区，黑色代表未选区。

"将通道作为选区载入"按钮■：单击此按钮可以将当前通道中的内容转换为选区。

"将选区存储为通道"按钮■：单击此按钮可以将图像中的选区作为蒙版保存到一个新建的 Alpha 通道。

"创建新通道"按钮■：单击此按钮可以创建 Alpha 通道。拖动某通道至该按钮可以复制这个通道。

"删除当前通道"按钮■：单击此按钮，删除所选通道。

通道最主要的功能是保存图像的颜色数据。例如一个 RGB 模式的图像，其每一个像素的颜色数据是用红色、绿色、蓝色这三个通道来记录的，而这三个单色通道组合定义后合成了一个 RGB 主通道。颜色信息通道是在打开新图像时自动创建的，图像的颜色模式决定了所创建的颜色通道的数目。

在"通道"面板中可以同时显示图像中的颜色通道、专色通道及 Alpha 选区通道，每个通道就像"图层"面板中的图层一样以小图标的形式出现。

选中图像中所有的颜色通道与任何一个 Alpha 选区通道前的眼睛图标，便会看到一种类似于快速蒙版的状态，即选中的区域保持透明，而没有选中的区域则被一种具有透明度的蒙版色所遮盖，这样可以直接区分出 Alpha 选区通道所表示的选中区域的选取范围。

改变 Alpha 选区通道使用的蒙版颜色，或将 Alpha 选区通道转换为专色通道，均会影响该通道的观察状态。直接在"通道"面板上双击任何一个 Alpha 选区通道的图标，或选中一个 Alpha 选区通道后，使用面板菜单中的"通道选项"命令，均可打开 Alpha "通道选项"对话框，如图 8-4 所示，在该对话框中，可以确定该 Alpha 选区通道使用的蒙版色、蒙版色所表示的位置，或选择将 Alpha

图 8-4 "通道选项"对话框

选区通道转换为专色通道。

"通道选项"对话框中各选项功能见表 8-1。

表 8-1 "通道选项"对话框中的选项及功能

选项		功能
名称		可在该文本框中输入新通道的名称
设置选项	被蒙版区域	将被蒙版区域设置为黑色,并将所选区域设置为白色。用黑色绘画可扩大被蒙版区域,用白色绘画可扩大选中区域
	所选区域	将被蒙版区域设置为白色(透明),并将所选区域设置为黑色(不透明)。用白色绘画可扩大被蒙版区域,用黑色绘画可扩大选中区域
	专色	将 Alpha 选区通道转换为专色通道
外观选项	颜色	要选取新的蒙版颜色,可以单击颜色块选取新颜色
	不透明度	输入介于 0~100 的值,可以更改不透明度

可见的通道并不一定都是可以操作的通道。如果需要对某一个通道进行操作,必须选中这一通道,即在"通道"面板中单击某一个通道,使该通道处于被选中的状态。

8.1.3 操作通道

1. 新建通道

例如打开素材文件夹中的"企鹅.jpg"素材图像,在图像中制作一个圆形选区,单击"通道"面板底部的"创建新通道"按钮，即可新建一个 Alpha 通道。默认的 Alpha 通道是一个全黑色通道,如图 8-5 所示。如果要在通道内保存选区,需要使用选区工具绘制选区,然后填充白色。如果直接绘制了选区,再单击"通道"面板底部的"将选区存储为通道"按钮，可以直接创建 Alpha 通道,如图 8-6 所示。

8-3
操作通道

图 8-5 新建通道

图 8-6 将选区存储为通道

如果对建立的选区通道不是很满意,可以根据实际需要进行手动修改。修改的原理就是利用黑白层次的变化,黑色表示未选中的区域,白色表示选中的区域。

当要扩大选区时,可以选择白色作为前景色,用笔刷将想要的部分刷出;如果要缩小选区,则选择黑色作为前景色,使用笔刷刷出想要的效果。

2. 复制与删除通道

通常情况下,编辑单色通道时不在原通道中进行,以免编辑后不能还原,这时需要将该通道复制一份再编辑。

如果想复制一个颜色通道，可直接将某一个通道拖到"通道"面板下方的"新建通道"按钮■上进行复制，或者选中某一个通道，使用面板右上角菜单中的"复制通道"命令完成。将某一个通道拖到"删除当前通道"按钮■上时，会删除此通道。当然，也可以右击当前通道，在弹出的菜单中选择"复制通道"或"删除通道"命令。

单击红色通道，在"通道"面板菜单中选择"复制通道"命令时，会弹出"复制通道"对话框（见图 8-7），在"目标"栏的弹出式菜单中选择"新建"选项，可将选择的通道复制到新文件中，在"名称"栏中可给新文件起一个名字；若在"目标"栏中选择默认选项（企鹅.jpg），则单击"确定"按钮后，在"通道"面板中就会显示一个复制的通道，通常在名称后面会带有"拷贝"字样。如果选中对话框中的"反相"复选框，那么会得到与之明暗关系相反的副本通道，如图 8-8 所示。

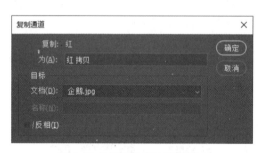

图 8-7 "复制通道"对话框

图 8-8 反相"红 拷贝"通道

3. 通道的分离与合并

如果编辑的是一幅 CMYK 模式的图像，可以使用"通道"面板右上角菜单中的"分离通道"命令，将图像中的颜色通道分为 4 个单独的灰度文件。这 4 个灰度文件会以原文件名加上青色、洋红、黄色、黑色来命名，表明其代表哪一个颜色通道。如果图像中有专色通道或 Alpha 选区通道，则生成的灰度文件会多于 4 个，多出的文件会以专色通道或 Alpha 选区通道的名称来命名。

这种做法通常用于双色或三色印刷中，可以将彩色图像按通道分离，然后取其中的一个或几个通道置于组版软件之中，并设置相应的专色进行印刷，以得到一些特定的效果。或者对于一些特别大的图像，整体操作时的速度太慢，将其分离为单个通道后，针对每个通道单独操作，最后将通道合并，可以提高工作效率。

对于通道分离后的图像，还可以用"通道"面板菜单中的"合并通道"命令将图像整合为一。合并时，Photoshop 会提示选择哪一种颜色模式，以确定合并时使用的通道数目，并允许选择合并图像所使用的颜色通道。只要图像的文件尺寸相同，分辨率相同，都是灰度图像，便可选择它作为合并使用的一个文件，并不一定非要选择原先分离的 4 个灰度文件。

如果要合并的通道超过 4 个，合并只能使用多通道模式。可以在合并后将图像模式转为所需的彩色模式，只是应注意选择多通道模式合并时的文件顺序。比如，对于带有一个 Alpha 选区通道的 CMYK 图像，将其分离为 5 个通道后，合并通道时就只能选择多通道模式，这时 Photoshop 会逐个提问合并时的通道顺序，只要顺序正确，则通道合并后，再将其转为 CMYK 模式时，仍可恢复4 个颜色通道加 1 个 Alpha 选区通道的原样。

8.1.4　利用通道合成书画作品

8-4
利用通道合成
书画作品

下面应用通道选取书法与国画作品合成一幅以"不忘初心　牢记使命"为扇面的书画作品，最终效果如图8-9所示。

图8-9　"不忘初心　牢记使命"扇面书画效果

具体操作步骤如下。

1）在 Photoshop 中打开"奔马.jpg"书法素材，打开"通道"面板，会发现里面存在默认的"红""绿""蓝"三个原色通道及一个复合通道。分别选中三个原色通道，对比度基本相似，选择"蓝"通道将其拖至"创建新通道"按钮 上，复制蓝色通道，得到"蓝 拷贝"通道。接下来，选中"蓝 拷贝"通道，让其他通道处于隐藏状态，如图8-10所示。

2）按快捷键〈Ctrl+I〉将"蓝 拷贝"通道进行反相处理，得到图8-11所示的效果。

图8-10　"蓝 拷贝"通道

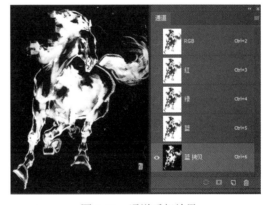

图8-11　通道反相效果

3）为进一步除去画面中存在的一些杂色，按快捷键〈Ctrl+L〉打开"色阶"对话框，在对话框中选中黑色滴管工具 吸取图像中奔马的深色部分，使用白色滴管工具 吸取图像中的灰色部分，将杂色转换为白色，调整画面对比度，如图8-12所示。最后，单击"确定"按钮，效果如图8-13所示。

4）按住〈Ctrl〉键单击"蓝 拷贝"通道（或者单击"通道"面板下的"将通道作为选区载入"按钮 ），将通道转换为选区，单击"RGB"综合通道。切换至"图层"面板，单击背景图层，执行"编辑"→"拷贝"命令（快捷键为〈Ctrl+C〉）对选区内的"奔马"进行复制。打开素材"扇面.jpg"（见图8-14），执行"编辑"→"粘贴"命令（快捷键为〈Ctrl+V〉）将"奔马"复制到"扇面"中，调整大小与位置，效果如图8-15所示。

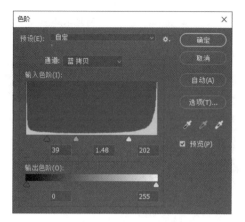

图 8-12 "色阶"对话框

图 8-13 调整色阶后的效果

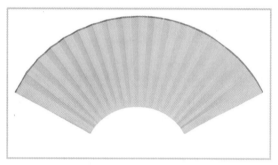

图 8-14 "扇面"素材

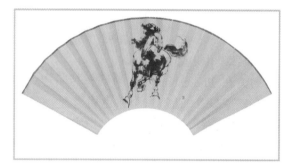

图 8-15 将"奔马"插入"扇面"中的效果

5）打开素材"不忘初心 牢记使命.jpg"（见图 8-16），采用同样的办法将书法字抠取出来，插入到"扇面"中，如图 8-17 所示。

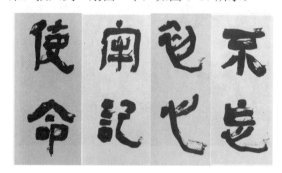

图 8-16 "不忘初心 牢记使命"素材

图 8-17 将书法字插入"扇面"中

6）复制"书法"图层，调整其大小与位置，最终效果如图 8-9 所示。

8.1.5 利用通道抠取头发

下面通过通道与色阶等命令实现头发的抠取。

1）在 Photoshop 中打开素材"女士.jpg"（见图 8-18），切换至"通道"面板，分别查看"红""绿""蓝"三个通道，找出一个头发与背景的对比度最高的通道，这里选择"蓝"通道。

8-5
利用通道抠取
头发

2）右击"蓝"通道，选择"复制通道"命令，得到"蓝 拷贝"通道，如图 8-19 所示。

图 8-18　素材图片

图 8-19　"蓝 拷贝"通道

3）按快捷键〈Ctrl+L〉应用"色阶"命令，利用黑色滴管工具 吸取图像中的头发部分，使用白色滴管工具 吸取素材画面中的背景颜色，以此调节画面中人物头发与背景的对比度，更加方便将头发选取出来，效果如图 8-20 所示。

4）在实际应用中选取头发只是工作的一部分，更重要的是将整个人物选取出来。而在通过"色阶"命令调整后的图像中，可以看出，人物的一部分图像未被选取出来，执行"图像"→"调整"→"反相"命令，接下来将前景色设置为白色，使用画笔工具将画面中需要选取的黑色区域涂抹成白色，如图 8-21 所示。

图 8-20　应用"色阶"后的效果

图 8-21　涂抹后的效果

5）通过调整，可以看出女士头发的边缘仍然存在灰色区域，这也影响了人物选区的建立，接下来继续使用"色阶"命令，如图 8-22 所示，将头发的边缘与背景更加明显地分离出来，如图 8-23 所示。

6）这时可以看出，人物的轮廓更加清晰，按住〈Ctrl〉键单击通道"蓝 拷贝"的缩略图，将通道转换为选区，单击"RGB"通道，切换至"图层"面板，单击人物所在的图层将其激活。

7）按快捷键〈Ctrl+C〉复制图层，从而将选区中的图像复制到新图层中，将其他图层隐藏起来，效果如图 8-24 所示。

8）如果在抠出的图像中头发的边缘存在杂色，可在将通道建立选区前，执行"滤镜"→"杂色"→"减少杂色"命令将杂色去掉，如图 8-25 所示。

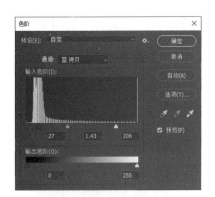

图 8-22 "色阶"对话框

图 8-23 再次应用"色阶"后的效果

图 8-24 选出的人物效果图

图 8-25 "减少杂色"对话框

9）打开素材文件夹中的"花草.jpg"，将人物拖到图像中，效果如图 8-26 所示。打开素材文件夹中的"绿草.jpg"，将人物拖到图像中，效果如图 8-27 所示。

图 8-26 合成后的效果 1

图 8-27 合成后的效果 2

8.1.6 案例实现过程

本案例主要使用通道进行元素的抠取，并应用到场景中。具体操作步骤如下。

8-6
龙凤呈祥婚纱
照设计制作

1. 制作整体背景特效

背景设置为仿古与现代背景相结合的效果，所以选择两张图片作为背景，使用蒙版烘托整体的氛围。

1）打开 Photoshop，执行"文件"→"新建"命令，设置高度为 1280 像素、宽度为 720 像素、分辨率为 72 像素/英寸。执行"文件"→"存储"命令，将文档保存为"龙凤呈祥婚纱照设计.psd"。

2）在"图层"面板中单击"创建新组"按钮 🖿，新建一个"背景"图层组。打开素材文件夹中的"仿古背景.jpg"图片，将其拖到文档中，同时调整图像的位置，将图层命名为"仿古背景"，效果如图 8-28 所示。

3）在"图层"面板中单击"创建新组"按钮 🖿，新建一个"背景"图层组，打开素材文件夹中的"粉色玫瑰.jpg"图片，将其拖到文档中，将图层命名为"粉色玫瑰"，同时调整图像的位置。单击"图层"面板下方的"添加蒙版"按钮 🔘 以添加图层蒙版，设置前景色为黑色，使用画笔工具在蒙版中涂抹，以隐藏部分图像色调，效果如图 8-29 所示。

图 8-28　"仿古背景"效果　　　　　　　　图 8-29　"粉色玫瑰"背景的蒙版效果

2．透明婚纱与古装照的抠取

要完成透明婚纱的抠取，首先要把整个人物选取出来，然后分析哪些是人物本身需要的，将其在通道中设置为纯白色，哪些是不需要选择的区域，将其设置为纯黑色，哪些区域是透明婚纱部分，保留原有的灰度细节。

1）在"图层"面板中单击"创建新组"按钮 🖿，新建一个"主题人物"图层组，打开素材文件夹中的"婚纱照.jpg"图片，如图 8-30 所示。

2）打开"通道"面板，会发现"蓝"通道中婚纱的细节最多，将"蓝"通道拖至"创建新通道"按钮 🖿 上复制一个"蓝 拷贝"通道，如图 8-31 所示。下面使用这个"蓝 拷贝"通道来制作半透明婚纱选区。

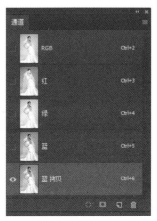

图 8-30　"婚纱照"素材图片　　　　　　　图 8-31　创建"蓝 拷贝"通道

3）单击 RGB 复合通道，使用魔棒工具，设置容差为 10，按住〈Shift〉键在背景上单击，选择背景，效果如图 8-32 所示。

4）设置前景色为黑色，在"通道"面板中，选择"蓝 拷贝"通道，按快捷键〈Alt+Delete〉在选区内填充黑色，如图 8-33 所示。

 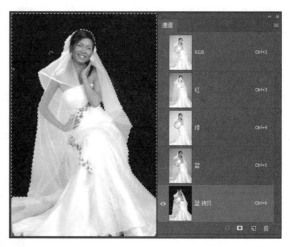

图 8-32　使用魔棒选取绿色背景　　　　图 8-33　填充"蓝 拷贝"通道选区的背景为黑色

5）使用钢笔工具，在"路径"模式下沿着人物轮廓选取，如图 8-34 所示。绘制路径时避开半透明部分的区域，使用"减去顶层形状"模式减去右臂下侧的透明区域，如图 8-35 所示。

图 8-34　钢笔选取外轮廓　　　　　　图 8-35　减去右臂下侧的透明区域

6）按快捷键〈Ctrl+Enter〉将路径转换为选区，设置前景色为白色，在"通道"面板中，选择"蓝 拷贝"通道，按快捷键〈Alt+Delete〉在选区内填充白色，效果如图 8-36 所示。

7）按住〈Ctrl〉键单击"蓝 拷贝"通道，即可载入人物与婚纱选区，单击 RGB 复合通道。进入"图层"面板，显示彩色图像，按快捷键〈Ctrl+C〉复制人物与婚纱。进入"龙凤呈祥婚纱照设计.psd"文档，按快捷键〈Ctrl+V〉粘贴人物与婚纱，调整大小与位置。效果如图 8-37 所示。

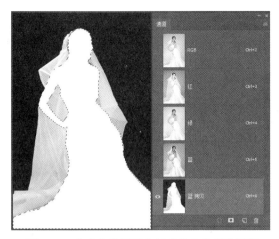

图 8-36　将人物选区部分填充为白色后的通道

图 8-37　插入婚纱照效果

8）打开素材文件夹中的"古装照.jpg"图片，使用路径工具或魔棒工具，也可以使用多边形套索工具，选择人物部分，如图 8-38 所示，按快捷键〈Ctrl+C〉复制人物。进入"龙凤呈祥婚纱照设计.psd"文档，按快捷键〈Ctrl+V〉粘贴人物，调整大小与位置。效果如图 8-39 所示。

图 8-38　选取人物部分

图 8-39　插入古装照后的效果

3. 添加修饰效果

通过添加一些修饰元素烘托整体效果。

1）在"图层"面板中单击"创建新组"按钮![img]，新建一个"修饰"图层组。打开素材文件夹中的"龙凤呈祥图案.jpg"（见图 8-40），进入"通道"面板，按住〈Ctrl〉键单击"蓝"或者"绿"通道，直接选择白色区域，然后按快捷键〈Ctrl+Shift+I〉实现反向选择所需区域。

2）按快捷键〈Ctrl+C〉复制龙凤呈祥图案，进入"龙凤呈祥婚纱照设计.psd"文档，按快捷键〈Ctrl+V〉粘贴龙凤呈祥图案，调整大小与位置。按住〈Ctrl〉键直接单击龙凤呈祥图案，设置前景色为金黄色，按快捷键〈Alt+Delete〉填充前景色，效果如图 8-41 所示。

3）打开素材文件夹中的"龙凤呈祥书法.psd"（见图 8-42），使用魔棒工具，设置容差为30，单击红色区域，执行"选择"→"选取相似"命令选择红色部分。按快捷键〈Ctrl+C〉复制书法文字。进入"龙凤呈祥婚纱照设计.psd"文档，按快捷键〈Ctrl+V〉粘贴书法文字，调整大小与位置，并为文字设置白色描边效果和投影效果，如图 8-43 所示。

图 8-40　图案素材

图 8-41　插入龙凤呈祥图案后的效果

图 8-42　书法素材

图 8-43　插入书法后的效果

4）打开素材文件夹中的"装饰文字.psd"，将其复制到文档中，整体效果如图 8-1 所示。

8.1.7　应用技巧

技巧 1：按住〈Ctrl〉键单击通道层的图标可载入当前通道所对应的区域；若按住〈Ctrl+Shift〉键单击另一个通道层，可以得到两个通道的合并的区域；若按住〈Ctrl+Alt〉键单击另一通道层，则得到两个通道相减的区域；若按住〈Ctrl+Alt+Shift〉键单击另一通道层，则得到的为选取两个通道的通道相交的共同区域。

技巧 2：若要将彩色图片转为黑白图片，可先将颜色模式转换为 Lab 模式，然后选取"通道"面板中的明度通道，再执行"图像"→"模式"→"灰度"命令。由于 Lab 模式的色域更宽，这样转换后的图像层次感更丰富。

技巧 3：如果是在含有两个或者两个以上的图层文档中删除原色通道，Photoshop 会提示将图层合并，否则将无法删除。

技巧 4：因为 Alpha 通道中只有黑、白、灰三种颜色，如果双击工具箱中的"前景色"或者"背景色"色块选择其他颜色，那么得到的是不同程度的灰色。

8.2　案例 2：砥砺奋进海报设计

砥砺，本义为磨刀石，引申指磨炼。砥砺奋进，即在磨炼中奋勇前进。本案例将以砥砺奋进的基本含义设计一个海报，整体效果如图 8-44 所示。

图 8-44　砥砺奋进案例效果

8.2.1　使用通道混合器

通道混合器是一个通过调整颜色通道来改变色彩的图像调整工具。它通过借用其他通道的亮度来改变自己的颜色，所以其他通道的颜色是不会被影响的。该命令提供了两种混合模式：相加和相减。相加模式可以增加两个通道中的像素值，使通道图像变亮；相减模式则会从目标通道中相应的像素上减去源通道中的像素值，使通道图像变暗。

8-7
使用通道混合器

在 Photoshop 中打开"戏剧脸谱.jpg"素材图片，执行"图像"→"调整"→"通道混合器"命令，打开"通道混合器"对话框。需要调整哪个通道，就在"输出通道"下拉列表框中选择该通道。例如选择"红"通道，如图 8-45 所示。

图 8-45　选择"红"通道

选择了红色为源通道，如果去改变这里的蓝色，就是把蓝色的光借给红色。如果选择了蓝色，则图中有蓝色光的是白色（255，255，255），蓝色（0，0，255），然后把这个蓝光借给红色，就是把白色和蓝色中的蓝光减少。例如将蓝色增加到 100%，结果如图 8-46 所示。

能看到红色、白色、绿色和黑色都没有变，只有蓝色变成了洋红色。因为蓝色之前的亮度为 255，所以加一倍，那就是增加了 255，然后把这个 255 给红色，也就是在白色和之前的蓝色中加入红，即 255 等级。因为白色的红、绿、蓝的亮度等级都是 255，是最高的，所以再往里面加也不会有什么变化，只能减少亮度等级才有变化。同理，在蓝色中加入 255 的红色就是洋红色（255, 0, 255）。从这里也证明了通道混合器是通过改变通道的亮度来改变色彩，而不是通过改变颜色来改变色彩。向左侧拖动滑块，"蓝"通道会采用"相减"模式与"红"通道混合，这样"蓝"通道变暗，画面中的蓝色得到减少，如果白色中减少了蓝色则白色变成青色。

图 8-46 "蓝"通道以"相加"模式与"红"通道混合

如果想要把图中的绿色减少，增加红色，就可以选择"红"通道，然后把绿色的亮度借给红色；相反，如果想要将红色借给绿色，那就要选择"绿"通道，然后把红色借给绿色；如果想要将红色借给蓝色，那就要选择"蓝"通道，然后把红色借给蓝色。

8.2.2 使用应用图像命令

"应用图像"命令是一个功能强大、效果多变的命令，使用它可以将一个图像的图层及通道与另一幅具有相同尺寸的图像中的图层及通道合成。"应用图像"命令提供了 20 多种混合模式，其与图层混合模式相似。

8-8
使用应用图像命令

使用"应用图像"命令前，需要先选择一个通道作为被混合的目标对象。为了避免颜色通道混合后改变图像的色彩，通常可以将需要混合的图像通道复制一份，对副本进行操作。

执行"图像"→"应用图像"命令，弹出"应用图像"对话框。在"通道"下拉列表框中选择"RGB"通道，在"混合"下拉列表框中选择"正片叠底"模式，RGB 通道将会与 Alpha1 通道混合，如图 8-47 所示。

图 8-47 RGB 通道以"正片叠底"模式与 Alpha1 通道混合

如果将混合模式设置为相加和相减模式，则混合效果与使用"通道混合器"处理完全相同。不过"应用图像"命令还包含更多的混合模式。

"应用图像"对话框中各个选项的含义见表 8-2。

表 8-2　"应用图像"对话框中各选项的含义

选项	含义	选项	含义
源	选择一个当前打开的图像与当前操作的图像进行混合	混合	选择用于制作混合模式效果的混合模式
图层	选择要进行混合模式的源图层	不透明度	设置源图像在混合时的不透明度
通道	选择用于混合的通道	保留透明区域	当目标图像存在透明像素时，该复选框被激活，选中后，目标图像透明区域不与源图像混合
反相	选中该复选框可以将所选的用于混合的通道反相后再进行混合	蒙版	选中此复选框后，出现扩展对话框，扩展对话框显示有关蒙版的参数

使用"应用图像"命令合成图像时需要注意的是，进行混合的两幅图像必须具有相同的尺寸（宽度、高度和分辨率），且其颜色模式应该为 RGB、CMYK、Lab 或灰度颜色模式中的一种。

8.2.3　使用计算命令

在通道混合中"计算"命令最灵活。从效果方面看，它包含了与"应用图像"命令完全相同的 20 多种混合模式，因此，二者的混合效果是相同的。但"计算"命令所生成的混合结果不像"应用图像"命令那样会修改通道，它会将混合结果保存到新的通道中，也可以将其创建为选区，或者生成一个黑白图像文件。

8-9
使用计算命令

在 Photoshop 中打开"婚纱照.tif"素材图片，绘制了两个选区，第一个选区中包含了人物的身体（即完全不透明的区域），第二个选区中包含了半透明的婚纱，如图 8-48 所示。

如果运用选区的"计算"命令运算，将合成一个完整的人物婚纱选区。执行"图像"→"计算"命令，打开"计算"对话框，让"婚纱"通道与"人物"通道采用"相加"模式混合，如图 8-49 所示。

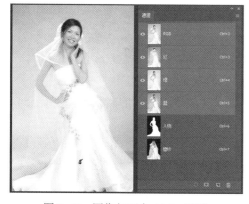

图 8-48　图像与两个 Alpha 通道

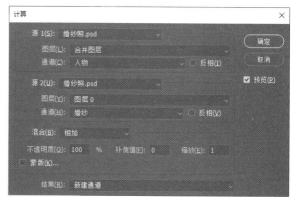

图 8-49　两个通道采用"相加"模式混合

"婚纱"通道与"人物"通道采用"相加"模式混合后形成一个新的 Alpha1 通道，如图 8-50 所示。按住〈Alt〉键单击 Alpha1 通道即可获取人物与婚纱选区，将其复制粘贴到新的背景后效果如图 8-51 所示。

图 8-50　混合形成的 Alpha1 通道

图 8-51　通过通道获取的人物与透明婚纱照片效果

8.2.4 抠取透明物体

8-10
抠取透明物体

在使用"应用图像"和"计算"命令时，通常使用两个通道的混合。如果使用选区作为通道来使用，充分利用好图像中的选区，能为抠图提供更多的解决办法。本例就是使用通道和选区混合，抠取一个晶莹剔透的冰雕。

本案例操作步骤如下。

1）在 Photoshop 中打开素材文件"冰雕.jpg"，如图 8-52 所示。可以看出，这个冰雕表面光滑，造型不复杂，可以使用钢笔工具选出轮廓，冰雕的内部可以使用通道进行选取。

2）在"通道"面板中查看一下，发现"绿"通道的轮廓比较清晰，如图 8-53 所示。

图 8-52　"冰雕"素材

图 8-53　冰雕的"绿"通道

3）单击"绿"通道，使用钢笔工具，选择"路径"模式，绘制轮廓的路径，如图 8-54 所示。按快捷键〈Ctrl+Enter〉将路径转换为选区，效果如图 8-55 所示。

4）执行"图像"→"计算"命令，打开"计算"对话框，如图 8-56 所示。将"源 1"设置为"选区"，"源 2"设置为"红"通道，混合模式为"正片叠底"，结果保存为"新建通道"。单击"确定"按钮，将混合一个新的"Alpha1"通道，如图 8-57 所示。

注意：选择"红"通道是因为"红"通道中包括的图像细节最多，因此，在"计算"命令中使用了"红"通道与选区进行计算；而选区又将计算的范围限定在冰雕中，这样的话，冰雕以外的背景就不会参与计算。Photoshop 会用黑色填充没有计算的区域，背景色就会变成黑色。"正片叠底"模式使得通道内的图像变暗，在选取冰雕后，背景图像对冰雕的影响就会变小。

图 8-54　绘制路径

图 8-55　将路径转换为选区

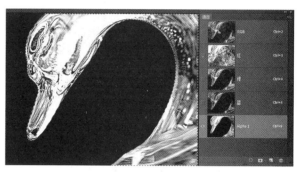

图 8-56　对选区与"红"通道执行"正片叠底"计算

图 8-57　运用"计算"命令后的效果

5）按住〈Ctrl〉键单击 Alpha1 通道，即可将冰雕的细节选中，切换到 RGB 混合通道，按快捷键〈Ctrl+C〉复制选区。新建一个默认大小文件，背景设置为蓝色，按快捷键〈Ctrl+V〉将复制内容粘贴到文件中，效果如图 8-58 所示。

6）设置复制的冰雕图层的混合模式为明度，则使用上层的明度，但仍使用背景层的饱和度和色相，效果如图 8-59 所示。

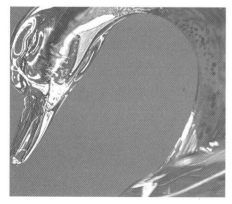

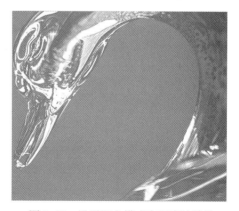

图 8-58　复制透明区域内容

图 8-59　设置混合模式为明度的效果

8.2.5　案例实现过程

8-11
砥砺奋进海报设计

由于火焰的边缘有烟雾，边缘比较淡，并非实体，其层次性不明显，使用常用的调整色阶、曲线等手段很难较好地抠出火焰图像。本案例主要应用分层抠图最终合并的方式实现火焰的抠图。本例为体现砥砺奋进的精神使用了一匹火焰奔马，同时结合光线与文字实现整个案例的效果。

1. 抠取火焰奔马效果

1）在 Photoshop 中打开"奔马"素材图片（见图 8-60）。双击"图层"面板中素材所在的背景图层，在弹出的对话框中单击"确定"按钮，将素材的背景图层转换为普通图层。

2）本例需要将马的素材从图像中抠出来，如果使用普通的方式建立选区，然后创建通道，很难将火焰状态的马从图像中抠出。在此依次利用"红""绿""蓝"分层抠图方式实现。

3）单击"通道"面板，依次复制一个"红"通道"红 拷贝"，复制一个"绿"通道"绿拷贝"，复制一个"蓝"通道"蓝 拷贝"，如图 8-61 所示。

图 8-60　"奔马"素材图片　　　　　　　图 8-61　复制后的"通道"面板

4）按住〈Ctrl〉键单击"红 拷贝"通道的缩略图，将该通道转换为选区。进入"图层"面板，创建一个新图层，并命名为"红色"，设置前景色为红色（#FF0000），在"红色"图层中填充选区。隐藏底层素材图片层，添加一个白色衬托图层，效果如图 8-62 所示。

5）回到"通道"面板中，按住〈Ctrl〉键单击"绿 拷贝"通道，将该通道转换为选区。进入"图层"面板，创建一新图层，命名为"绿色"，将工具箱中的前景色设置为绿色（#00FF00），利用油漆桶工具对"绿色"图层进行填充，隐藏其他图层后效果如图 8-63 所示。

图 8-62　将"红色"选区填充红色后的效果　　　图 8-63　将"绿色"选区填充绿色后的效果

6）继续回到"通道"面板，采用与前两步骤相同的方式，将"蓝 副本"通道转换为选区，并在"图层"面板中创建一个新"蓝色"图层，将前景色设置为蓝色（#0000FF），利用油漆桶工具对"蓝色"图层的选区进行填充，隐藏其他图层形成如图 8-64 所示的效果。

7）这些是依次分离各色后填充的效果。要想真正得到烈马的素材图像，需要将各图层合并形成统一的效果。接下来，在"图层"面板中将"绿色"和"蓝色"图层的图层混合模式都设置为"滤色"，如图 8-65 所示。

图 8-64　将"蓝色"选区填充蓝色后的效果　　　　图 8-65　设置为"滤色"的图层面板

8）按住〈Ctrl〉键，选中"红色""蓝色""绿色"图层，按快捷键〈Ctrl+E〉将三个图层合并。

2．制作背景效果

1）在 Photoshop 中创建一个宽度和高度都为 510 像素的文档，打开"背景.jpg"素材，将其复制到文档中，调整各素材的大小及位置，将其保存为"砥砺奋进.psd"，如图 8-66 所示。

2）切换到刚抠取的奔马中，将合并的"马"拖到"砥砺奋进.psd"文档中，调整大小及位置，效果如图 8-67 所示。

图 8-66　导入背景后的效果　　　　　　　　图 8-67　导入"奔马"后的效果

3）执行"图像"→"调整"→"色阶"命令（快捷键为〈Ctrl+L〉），调亮整个画面，"色阶"对话框中的参数设置如图 8-68 所示。完成后的效果如图 8-69 所示。

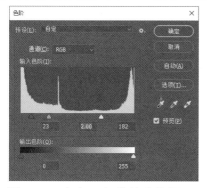

图 8-68　"色阶"对话框中参数的设置　　　　　图 8-69　调亮"奔马"后的效果

4）打开素材"光晕.jpg"（见图 8-70），选择"蓝"通道，按住〈Ctrl〉键单击"蓝"通道，切换到 RGB 通道，按快捷键〈Ctrl+C〉复制其光线部分，切换到"砥砺奋进.psd"文档，同样使用"色阶"将光线调亮，效果如图 8-71 所示。

图 8-70 "光晕"素材

图 8-71 导入"光晕"并调亮光线后的效果

5）打开素材"文字.jpg"（见图 8-72），使用魔棒工具单击黑色文字部分，执行"选择"→"选取相似"命令。按快捷键〈Ctrl+C〉将其内容复制，切换到"砥砺奋进.psd"文档，按快捷键〈Ctrl+V〉将其粘贴。效果如图 8-73 所示。

图 8-73 添加文字后的效果

图 8-72 文字素材

6）给文字设置描边与外发光后，最终效果如图 8-44 所示。

8.2.6 应用技巧

技巧 1：使用专色通道时，如果选择了颜色，则印刷服务供应商可以更容易地提供合适的油墨以重现图像，所以最好在"颜色库"中选择颜色。

技巧 2：要将图像转为"双色调"模式，必须先将图像转为"灰度"模式，图像只有在"灰度"模式下才能转换为"双色调"模式。

技巧 3：与"专色通道选项"对话框中的"密度"选项不同，绘画或编辑工具属性中的"不透明度"选项决定了打印输出的实际油墨浓度。

技巧 4：因为在新建通道中可以任意选择原色通道，所以合并 RGB 通道图像时，可以合并 6 幅不同颜色的图像。

8.3 项目实践

1．根据通道的相关理论与操作，结合钢笔工具、通道蒙版，将"红酒杯子.jpg"素材（见图 8-74）中的透明酒杯与红酒抠取出来，放置到素材"背景.jpg"图片（见图 8-75）中。最终效果如图 8-76 所示。

图 8-74　"红酒杯子"素材

图 8-75　"背景"素材

图 8-76　抠取合成后的效果

2．使用通道和蒙版将图 8-77 中的云雾抠取出来，将其放到背景图片中，最终效果如图 8-78 所示。

图 8-77　"云雾"素材

图 8-78　将云雾混合插入背景

模块 9 滤镜应用

9.1 案例 1：运用滤镜实现水墨荷花的效果

"滤镜"这一专业术语源于摄影，通过它可以模拟一些特殊的光照效果，或是带有装饰性的纹理效果。本案例借助滤镜的其他工具特效模拟制作水墨画，效果如图 9-1 所示。

a) b)

图 9-1 水墨画效果

a) "荷花"素材原图 b) 经滤镜加工后的水墨荷花效果

9.1.1 认知滤镜

滤镜主要是用来实现图像的各种特殊效果。它在 Photoshop 中具有非常神奇的作用。滤镜通常需要同通道、图层等联合使用，才能取得最佳的艺术效果。现在智能手机的美颜功能就类似滤镜，这些软件使滤镜变得更简单，只需一键就能达到许多照片最美的效果。

滤镜分为内置滤镜和外挂滤镜两大类。内置滤镜就是 Photoshop 自身提供的各种滤镜，外挂滤镜则是由其他厂商开发的滤镜，它们需要安装在 Photoshop 中才能使用。

Photoshop 的内置滤镜主要有两种用途。一类是用于创建具体的图像特效，如可以生成粉笔画、图章、纹理、波浪等各种特殊效果。此类滤镜的数量最多，且绝大多数都在"风格化""素描""纹理""像素化""渲染""艺术效果"等滤镜组中，除了"扭曲"及其他少数滤镜外，基本上都是通过"滤镜库"来管理和应用的。另一类主要是用于编辑图像，如减少杂色、提高清晰度等，这些滤镜在"模糊""锐化""杂色"等滤镜组中。此外，"液化""消失点""镜头矫正"也属于此类滤镜。但这三种滤镜比较特殊，它们功能强大，并且有自己的工具和独特的操作方法，更像是独立软件。

所有的 Photoshop 都按分类放置在"滤镜"菜单中，如图 9-2 所示。使用时只需要从该菜单中执行命令即可。

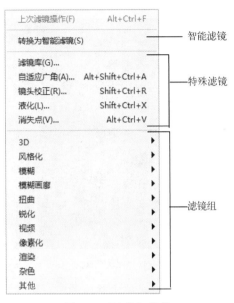

图 9-2 "滤镜"菜单

9.1.2 初步体验滤镜

Photoshop 本身带有许多滤镜，其功能各不相同，但是所有滤镜都有相同的特点，只有了解这些特点，才能准确有效地使用滤镜功能。

9-1
初步体验滤镜

Photoshop 会针对一定的选区进行滤镜处理。打开素材文件夹中的"水乡.jpg"图片，执行"滤镜"→"扭曲"→"水波"命令，在弹出的"水波"对话框中设置数量为 20、起伏为 6、样式为"水池波纹"，效果如图 9-3 所示。如果绘制一个椭圆形选区，则只针对选区内的图像进行处理，效果如图 9-4 所示。

图 9-3 滤镜应用到整幅图像的效果

图 9-4 滤镜应用到选区内图像的效果

在对局部图像进行滤镜处理时，可以将选区范围羽化，使处理的区域与原图像自然结合，减少突兀的感觉。

在绝大多数的滤镜对话框中，都有预览功能。例如刚刚执行"滤镜"→"扭曲"→"水波"命令时,弹出的"水波"对话框,如图 9-5 所示。有时执行滤镜需要花费一些时间,可以在设置滤镜参数的同时预览效果。

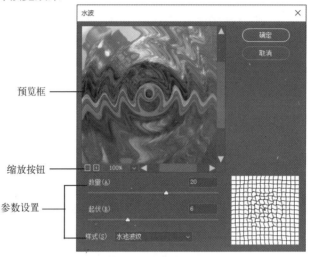

图 9-5 "水波"对话框

　　将指针指向预览框后,指针变成手形,单击并拖动鼠标可在预览框中移动图像。如果图像尺寸过大,还可以将指针指向图像,当指针变成方框后单击,预览框内立刻显示该图像。如果对文本图层或者形状图层执行滤镜命令时,Photoshop 会提示先转换为普通图层(或者栅格化)后,再执行滤镜命令。

9.1.3 使用滤镜库

　　滤镜库包含了 7 类 47 种滤镜。
　　打开素材图片文件夹中的"梅花.jpg"文件(见图 9-6),按快捷键〈Ctrl＋J〉复制图层。执行"滤镜"→"滤镜库"命令,在"染色玻璃"对话框中选择"纹理"选项卡下的"染色玻璃"类型,设置单元格为 4、边框粗细为 2、光照强度为 6,如图 9-7 所示。

9-2
使用滤镜库

图 9-6 "梅花"素材

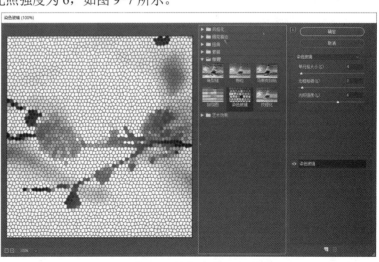

图 9-7 "染色玻璃"对话框

单击"确定"按钮，即可应用染色玻璃滤镜效果，如图 9-8 所示。如果选择"扭曲"选项卡下的"玻璃"类型，设置扭曲度为 5、平滑度为 3、纹理为"磨砂"、缩放为 80%，效果如图 9-9 所示。

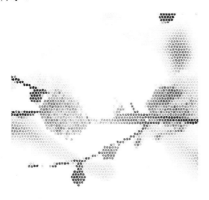

图 9-8　应用染色玻璃滤镜后的效果　　　　　图 9-9　应用"玻璃"滤镜后的效果

9.1.4　使用常用滤镜

在 Photoshop 中有很多常用的滤镜，如"风格化""模糊""模糊画廊""扭曲""锐化""像素化""渲染""杂色"滤镜等。下面介绍几种常用滤镜的应用。

1. 使用风格化滤镜

"风格化"滤镜可以将选区中的图像像素进行移动，并提高像素的对比度，从而产生印象派等特殊风格的图像效果。"风格化"滤镜包括查找边缘、等高线、风、浮雕效果、扩散、拼贴、曝光过度、凸出、油画效果等。"风格化"滤镜的具体操作如下。

1）打开素材图片文件夹中的"江南民居.jpg"文件，如图 9-10 所示。

2）执行"滤镜"→"风格化"→"查找边缘"命令，即可将"查找边缘"滤镜应用于图像，如图 9-11 所示。

9-3
使用风格化滤镜

图 9-10　"江南民居"素材图像　　　　图 9-11　应用"查找边缘"滤镜后的效果

2. 使用模糊滤镜

应用"模糊"滤镜可以使图像中清晰或对比度较强烈的区域产生模糊的效果。"模糊"滤镜具体包括表面模糊、动感模糊、方框模

9-4
使用模糊滤镜

糊、高斯模糊、进一步模糊、径向模糊、镜头模糊、模糊、平均、特殊模糊、形状模糊等。"模糊"滤镜的具体操作如下。

1）打开素材图片文件夹中的"红旗轿车.jpg"文件，如图 9-12 所示。

2）使用多边形套索工具，将汽车选取出来，执行"选择"→"反向"命令，使选区进行反向，如图 9-13 所示。再执行"选择"→"修改"→"羽化"命令，在弹出的对话框中设置羽化半径为 10，单击"确定"按钮，羽化选区。

图 9-12 "红旗轿车"素材图像

图 9-13 创建选区

3）执行"滤镜"→"模糊"→"径向模糊"命令，弹出"径向模糊"对话框，设置数量为25，选中"缩放"和"最好"两个单选按钮，如图 9-14 所示。

4）单击"确定"按钮，即可将"径向模糊"滤镜应用于图像，效果如图 9-15 所示。

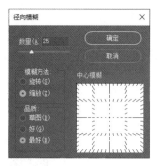

图 9-14 "径向模糊"对话框

图 9-15 应用"径向模糊"滤镜后的图像效果

3. 使用模糊画廊滤镜

使用"模糊画廊"滤镜可以通过直观的图像控件快速创建截然不同的照片模糊效果。"模糊画廊"滤镜包括场景模糊、光圈模糊、移轴模糊、路径模糊、旋转模糊等。

9-5
使用模糊画廊
滤镜

- 场景模糊：根据所选中的一个场景进行大范围的模糊，能设置多个位置不同的模糊。
- 光圈模糊：圆圈以内不模糊，圆圈以外有模糊效果。通过拖动圆圈内小白条来控制模糊效果，也可以通过属性栏里的小滑块来进行控制。跟调色中的压四角效果是一样的，目的是让人的视觉中心集中在画面的中间。当然也可以拖动小圆圈在画面中不同的位置产生效果。
- 移轴模糊：又称倾斜偏移，两根实线以内不会产生模糊效果，两根实线以外产生模糊效果。可将模糊稍微调大些看一下效果。在拍摄比较大的风景照片时，可以用这种方法处理近景、中景和远景，呈现不同的模糊效果。

- 路径模糊：创建一个路径，在路径四周产生模糊效果。可以通过速度来控制它的模糊效果。锥度很少用，一般可以设置为0。
- 旋转模糊：和径向模糊很像，圆圈内部的模糊效果类似于光盘，是一圈一圈的。拖动圆圈上的小白条或属性栏的滑块来控制它的模糊效果。与径向模糊的区别在于，径向模糊是以画面的中心点进行模糊的，它不可以移动位置；但旋转模糊是可以移动位置的。

以"江南民居.jpg"文件为例，使用"光圈模糊"来调整一下图像效果。执行"滤镜"→"模糊画廊"→"光圈模糊"命令，弹出"模糊工具"面板，设置模糊为 15 像素，如图 9-16 所示。

图 9-16 "光圈模糊"滤镜的设置与应用效果

4. 使用扭曲滤镜

9-6
使用扭曲滤镜

"扭曲"滤镜的主要作用是将图像按照一定的方式在几何意义上进行扭曲。使用该滤镜可以模拟产生水波、镜面、球面等效果。"扭曲"滤镜包括波浪、玻璃、极坐标、球面化等。"扭曲"滤镜的具体操作如下。

1）打开素材图片文件夹中的"雪山秋季.jpg"文件，如图 9-17 所示。

2）选中椭圆选框工具，在图像编辑窗口中绘制一个大小合适的椭圆选区，执行"选择"→"修改"→"羽化"命令，在弹出的对话框中设置羽化半径为 15，单击"确定"按钮，羽化选区，如图 9-18 所示。

图 9-17 "雪山秋季"素材图像

图 9-18 羽化选区

3）执行"滤镜"→"扭曲"→"波纹"命令，弹出"波纹"对话框，设置数量为 300%、大小为"大"，如图 9-19 所示。

4）单击"确定"按钮，即可将"波纹"滤镜应用于图像，效果如图 9-20 所示。

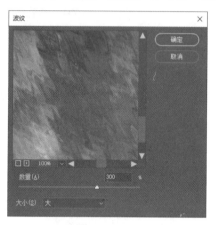

图 9-19 "波纹"对话框　　　　　　　图 9-20 应用"波纹"滤镜后的图像效果

5. 使用锐化滤镜

9-7
使用锐化滤镜

"锐化"滤镜可以通过增加图像相邻像素之间的对比度，使图像变得清晰。该滤镜可以拥有处理因摄影及扫描等原因造成模糊的图像。"锐化"滤镜包括 USM 锐化、防抖、进一步锐化、锐化边缘和智能锐化等。"锐化"滤镜的具体操作如下。

1）打开素材图片文件夹中的"火焰 2022.jpg"文件，如图 9-21 所示。

2）执行"滤镜"→"锐化"→"USM 锐化"命令，弹出"USM 锐化"对话框，设置数量为 200%、半径为 5、阈值为 5。单击"确定"按钮，即可将"USM 锐化"滤镜应用于图像，效果如图 9-22 所示。

图 9-21 "火焰 2022"素材图像　　　　图 9-22 应用"USM 锐化"滤镜后的图像效果

6. 使用像素化滤镜

9-8
使用像素化滤镜

"像素化"滤镜主要是按照指定大小的点或块，对图像进行平均分块或平面化处理，从而产生特殊的图像效果。"像素化"滤镜主要包括彩块化、彩色半调、点状化、晶格化、马赛克、碎片、铜板雕刻等。下面以"晶格化"为例讲解一下"像素化"滤镜的使用方法。

打开素材图片文件夹中的"蒲公英.jpg"文件，执行"滤镜"→"像素化"→"晶格化"命令，弹出"晶格化"对话框，参数设置如图 9-23 所示。单击"确定"按钮，即可将"晶格化"滤镜应用于图像，效果如图 9-24 所示。

图 9-23　"晶格化"对话框　　　　　图 9-24　应用"晶格化"滤镜后的效果

7．使用渲染滤镜

应用"渲染"滤镜能制作出照明、云彩图案、折射图案和模拟光的效果。其中，分层云彩和云彩效果会根据前景色和背景色进行变换。"渲染"滤镜的具体操作如下。

9-9
使用渲染滤镜

打开素材图片文件夹中的"海洋.jpg"文件，执行"滤镜"→"渲染"→"镜头光晕"命令，弹出"镜头光晕"对话框，设置亮度为 160%，选中"50～300 毫米变焦"单选按钮，如图 9-25 所示。单击"确定"按钮，即可将"镜头光晕"滤镜应用于图像，效果如图 9-26 所示。

图 9-25　"镜头光晕"对话框　　　　　图 9-26　应用"镜头光晕"滤镜后的效果

8．使用杂色滤镜

应用"杂色"滤镜除了可以减少图像中的杂点，也可以增加杂点，从而使图像混合时产生色彩漫散的效果。"杂色"滤镜的具体操作如下。

9-10
使用杂色滤镜

1）打开素材图片文件夹中的"紫砂壶.jpg"文件，如图 9-27 所示。

2）执行"滤镜"→"杂色"→"添加杂色"命令，弹出"添加杂色"对话框，设置数量为 12%，分布为"平均分布"，选中"单色"复选框。单击"确定"按钮，效果如图 9-28 所示。

图 9-27　"紫砂壶"素材图片

图 9-28　应用"添加杂色"滤镜后的图像效果

9.1.5　案例实现过程

水墨荷花制作思路主要是把图片转为黑白，用滤镜等增加水墨纹理。在处理的过程中需要注意图片的背景、水墨纹理的控制范围等。具体实现步骤如下。

9-11
运用滤镜实现
水墨荷花效果

1．制作水墨荷花

1）执行"文件"→"新建"命令（快捷键为〈Ctrl+N〉）新建一个宽度为 440 像素、高度为 600 像素的文档，背景为白色，执行"文件"→"另存为"命令，将文档命名为"墨荷.psd"。打开素材图像"荷花"，将其复制粘贴到文档中。

2）执行"图像"→"调整"→"阴影/高光"命令，在弹出的"阴影/高光"对话框中，将阴影数量设置为 90%，高光数量设置为 30%，如图 9-29 所示。单击"确定"按钮，效果如图 9-30 所示。

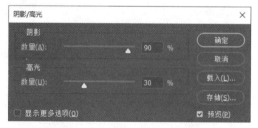

图 9-29　"阴影/高光"对话框

图 9-30　调整阴影/高光后的效果

3）执行"图像"→"调整"→"黑白"命令，打开"黑白"对话框，默认设置即可（可以根据需要自行调整相关参数设置），如图 9-31 所示。单击"确定"按钮后，图像效果如图 9-32 所示。

4）执行"选择"→"色彩范围"命令，在弹出的"色彩范围"对话框中将颜色容差设置为 70，用吸管工具吸取图像中的黑色区域，如图 9-33 所示。单击"确定"按钮后，图像效果如图 9-34 所示。

图 9-31　"黑白"对话框

图 9-32　调整"黑白"后的效果

图 9-33　"色彩范围"对话框

图 9-34　设置"色彩范围"后的效果

5）执行"图像"→"调整"→"反相"命令（快捷键为〈Ctrl+I〉），把黑色背景转为白色，效果如图 9-35 所示。

6）把当前图层复制两层，将最上面的图层的混合模式设置为"颜色减淡"，效果如图 9-36 所示。

图 9-35　背景变白后的效果

图 9-36　复制图层并设置"颜色减淡"后的效果

7）执行"图像"→"调整"→"反相"命令（快捷键为〈Ctrl+I〉），设置反相。再执行"滤镜"→"其他"→"最小值"命令，应用"最小值"滤镜，效果如图 9-37 所示。

8）执行"图层"→"向下合并"命令（快捷键为〈Ctrl+E〉）。选择下面的荷花图层，执行"滤镜"→"滤镜库"命令，在"滤镜库"对话框中选择"画笔描边"选项卡下的"喷溅"效果，喷色半径设置为 6 像素、平滑度设置为 4 像素，单击"确定"按钮后效果如图 9-38 所示。

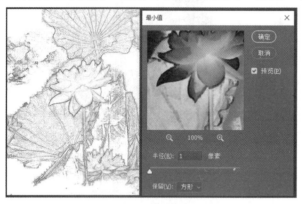 

图 9-37　设置反相与"最小值"滤镜后的效果　　图 9-38　对底层荷花图层设置"喷溅"滤镜后的效果

9）选择上层的"荷花 拷贝"图层，使用橡皮擦工具把荷叶部分擦出来，水墨效果基本出来了，如图 9-39 所示。按快捷键〈Ctrl+E〉合并图层，执行"滤镜"→"滤镜库"命令，在"滤镜库"对话框中选择"纹理"选项卡下的"纹理化"效果，设置纹理类型为"画布"、纹理缩放为 60%、纹理凸现为 5 像素。单击"确定"按钮后效果如图 9-40 所示。

10）执行"图像"→"调整"→"照片滤镜"命令，保持"照片滤镜"对话框中的默认设置（增加仿古色），整体效果如图 9-41 所示。

图 9-39　用橡皮擦工具　　　图 9-40　应用"纹理化"　　图 9-41　设置"照片滤镜"后的效果
　　擦荷叶后的效果　　　　　滤镜后的效果

2．制作落款

1）打开素材图片文件夹中的素材图像"荷香题款.tif"，将其复制粘贴到文档中，调整大小与位置。打开素材图片文件夹中的素材图像"日利.tif"，将其复制粘贴到文档中，调整大小与位置，效果如图 9-42 所示。

2）打开素材图片文件夹中的素材图像"落款.tif"，将其复制粘贴到文档中，调整大小与位置，效果如图 9-43 所示。

图 9-42 插入"荷香题款"后的效果　　　　图 9-43 插入"落款"后的效果

3. 制作画框

在使用蒙版时结合滤镜会出现意想不到的效果。下面利用蒙版和滤镜制作画框效果。

1）执行"图像"→"画布大小"命令，修改"墨荷.psd"文档的画布大小，宽为 640 像素、高为 800 像素。

2）在背景图层的上方新建一个图层，命名为"照片背景"，并将其填充为浅灰色（#adabad）。执行"滤镜"→"滤镜库"命令，在弹出的"滤镜库"对话框中选择"艺术效果"选项卡下的"胶片颗粒"效果，将颗粒大小设置为5。单击"确定"按钮后效果如图 9-44 所示。

3）在"照片背景"图层中建立矩形选区，依据刚建立的选区建立图层蒙版。单击"照片背景"图层中的蒙版，使之四周出现边框，处于选中状态。执行"滤镜"→"滤镜库"命令，在弹出的"滤镜库"对话框中选择"画笔描边"选项卡下的"喷溅"效果，设置喷溅半径为 20，平滑度为4。单击"确定"按钮后效果如图 9-45 所示。

图 9-44 对背景应用"胶片颗粒"滤镜后的效果　　图 9-45 对图片背景蒙版应用"喷溅"滤镜后的效果

4）给"背景图层"添加"斜面和浮雕"效果。最终效果如图 9-1b 所示。

9.1.6 应用技巧

滤镜的应用具有一定的原则与技巧，具体如下。

技巧 1：使用滤镜处理图像时，可应用于当前选区范围、当前图层、图层蒙版、快速蒙版或通道。如果创建了选区，滤镜只处理选区内的图像。

技巧2：滤镜的处理效果是以像素为单位来进行计算的，因此，用相同的滤镜参数处理不同分辨率的图像，其效果也会不同。

技巧3：上次使用的滤镜显示在"滤镜"菜单顶部，按快捷键〈Ctrl＋Alt＋F〉可再次以相同参数应用上一次的滤镜。

9.2 案例2："强国有我　不负韶华"火焰字制作

本案例主要使用滤镜来实现"强国有我　不负韶华"火焰字的效果，效果如图9-46所示。

a)

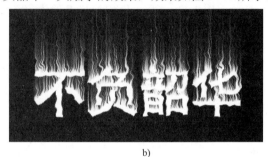
b)

图9-46 "强国有我　不负韶华"火焰字效果

a) 效果1　b) 效果2

9.2.1 使用"自适应广角"滤镜

"自适应广角"滤镜是可以拉直在使用广角镜头或鱼眼镜头后产生的弯曲效果，也可以拉直一张全景图。其具体步骤如下。

9-12
使用"自适应广角"滤镜

打开素材图片文件夹中的"城市广场.jpg"文件，执行"滤镜"→"自适应广角"命令，弹出"自适应广角"对话框（见图9-47），单击"确定"按钮，即可对图像进行镜头校正。

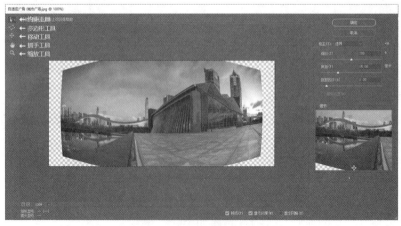

图9-47 "自适应广角"对话框

下面对"自适应广角"对话框中的主要参数进行详细介绍。

- 约束工具：选中该工具可以沿着弯曲对象的边缘绘制约束线，并对约束的对象进行自动校正。
- 多边形工具：选中该工具可以创建多边形约束线。
- 移动工具：选中该工具，可以在画布中拖动要移动的内容。
- 抓手工具：选中该工具，可以实现图像画面的移动和查看选择区域。
- 缩放工具：选中该工具，单击或拖动可以放大图像。按住〈Alt〉键的同时单击或拖动，可以缩小图像。
- 校正：单击该下拉按钮，在下拉列表中可以对校正的投影方式进行选择，其中包含"鱼眼""透视""自动""完整球面"几种方式。
- 缩放：通过拖动滑块或在数值框中输数值，对图像进行缩放调整。
- 焦距：用于设置镜头焦距。
- 裁剪因子：该参数与"缩放"配合使用，以补偿应用滤镜时引入的空白区域。
- 细节：在进行校正时，可以在这里看到指针下的校正细节。

例如，软件会先自动进行校正。在默认状态下，可以直接在照片上拖动鼠标拉出一条直线段。在画线过程中，拉出的线条会自动贴合画面中的线条，即表现为曲线，松开鼠标后就会变成直线。

9.2.2　使用"镜头校正"滤镜

"镜头校正"滤镜可以用于对失真或倾斜的图像进行校对，还可以对图像进行扭曲、色差、晕影和变换，使图像恢复至正常状态。该滤镜的具体操作如下。

9-13
使用"镜头校正"滤镜

打开素材图片文件夹中的"小汽车.jpg"文件，执行"滤镜"→"镜头校正"命令，弹出"镜头校正"对话框，选中对话框左侧的移去扭曲工具按钮，将指针移至预览框中图像的中央，单击并拖拽，效果如图 9-48 所示。单击"确定"按钮，即可对图像进行镜头校正。

图 9-48　"镜头校正"对话框

9.2.3　使用"液化"滤镜

使用"液化"滤镜可以逼真地模拟液体流动的效果，通过它用户可以对图像制作弯曲、旋转、扩展和收缩等效果。但是该滤镜不能在索引模式、位图模式和多通道色彩模式的图像中使用。

9-14
使用"液化"
滤镜

1）打开素材图片文件夹中的"猫咪.jpg"文件，执行"滤镜"→"液化"命令，弹出"液化"对话框，选中向前变形工具按钮 ，将指针移至图像预览框的合适位置，单击并拖拽，即可使图像变形，如图 9-49 所示。

图 9-49　"液化"对话框

2）用与上面同样的方法，在图像预览框中对猫咪的眼睛区域进行液化变形，例如使用膨胀工具将两只眼睛变大，效果如图 9-50 所示。

图 9-50　液化变形膨胀猫咪的双眼

3）单击"确定"按钮，即可将预览框中的液化变形应用到图像上，猫咪的双眼就会变大显示。

9-15
使用"消失点"
滤镜

9.2.4　使用"消失点"滤镜

应用"消失点"滤镜时，用户可以自定义透视参考线，从而将图像复制、转换或移动到透视结构上。对图像进行透视校正后，将通过消失点在图像中指定平面，并应用绘画、仿制、粘贴及变换等操作，对图像进行编辑。

1）打开素材图片文件夹中的"马路.jpg"文件，新建一个图层，在图像中输入文字"复兴大道"，如图 9-51 所示。

2）按住〈Ctrl〉键单击文字，得到文字的选区，按快捷键〈Ctrl+C〉复制选区内容，按快捷键〈Ctrl+D〉取消选区，然后隐藏该图层。

3）新建一个空白图层，并且选中这个图层，执行"滤镜"→"消失点"命令，弹出"消失点"对话框，单击"创建平面工具"按钮，依次单击图像中公路的上、下、左、右四个点，绘制透视平面，并适当地调整透视矩形框，如图 9-52 所示。

图 9-51　输入文字"复兴大道"

图 9-52　创建透视矩形框

4）按快捷键〈Ctrl+V〉把文字粘贴进来，把指针移动到文字位置，将其拖拽到下方的透视平面上，这时文字会自动吸附到平面里，效果如图 9-53 所示。

5）单击"确定"按钮，即可为图像添加"消失点"滤镜，效果如图 9-54 所示。

图 9-53　吸附文字到透视平面

图 9-54　应用"消失点"滤镜后的效果

9.2.5　使用滤镜制作大理石纹理

在日常生活中，经常见到很多具有天然大理石纹的室内装饰，比如酒店内部的墙面和地面，往往采用大理石铺设。滤镜主要是用来实现图像的各种特殊效果，它在 Photoshop 中具有非常神奇的作用。本小节通过运用滤镜来制作大理石纹理壁纸，效果如图 9-55 所示。

9-16
运用滤镜制作
大理石纹理

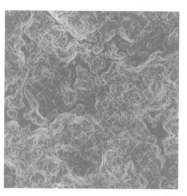

图 9-55 大理石纹理石材壁纸效果

本案例操作步骤如下。

1）执行"文件"→"新建"命令（快捷键为〈Ctrl+N〉）新建一个文件，命名为"大理石纹理石材壁纸.psd"设置，宽度为 600 像素、高度为 600 像素的正方形，背景为黑色。

2）执行"滤镜"→"渲染"→"分层云彩"命令，再次或多次应用"分层云彩"滤镜，以获得近似大理石的纹理效果，如图 9-56 所示。

3）执行"图像"→"调整"→"色阶"命令，按图 9-57 所示设置参数，从而达到增加对比度的效果，单击"确定"按钮后，效果如图 9-58 所示。

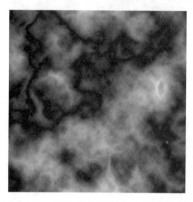

图 9-56 应用"分层云彩"后的效果

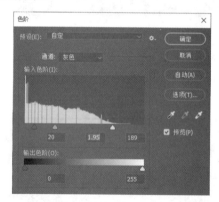

图 9-57 "色阶"对话框

4）新建一个图层，执行"滤镜"→"渲染"→"云彩"命令，把图层混合模式更改为"正片叠底"，调整色阶，将图像调亮，效果如图 9-59 所示。

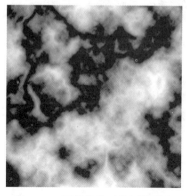

图 9-58 调整色阶后的图像效果

图 9-59 增加图层混合模式后的效果

5）双击"背景"图层，弹出"新建图层"对话框，单击"确定"按钮解除图层锁定，将最下方的"图层 2"填充大理石深绿色（#408b1b），如图 9-60 所示。

6）把"图层 0"的混合模式设为"滤色"，使裂纹渗透到下面的图层，如图 9-61 所示。

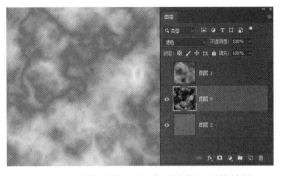

图 9-60 增加背景颜色后的效果　　　　图 9-61 设置"图层 0"为"滤色"后的效果

7）选择"图层 1"，然后执行"图层"→"向下合并"命令，将"图层 1"与"图层 0"合并。执行"滤镜"→"风格化"→"查找边缘"命令，应用"风格化"滤镜，效果如图 9-62 所示。

8）执行"图像"→"调整"→"反相"命令，反相后的效果如图 9-63 所示。

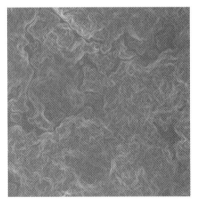

图 9-62 应用"风格化"滤镜后的效果　　　　图 9-63 "反相"后的效果

9）根据需要可以增加"色相饱和度"，调整大理石的颜色。最终效果如图 9-55 所示。

9.2.6 案例实现过程

本案例实现火焰字使用两种不同的方式，具体实现步骤如下。

9-17
"强国有我 不负韶华"火焰字制作方式 1

1. 火焰字实现方式 1

1）执行"文件"→"新建"命令（快捷键为〈Ctrl+N〉）新建一个文档，宽度与高度都设置为 500 像素，背景为黑色，保存文档。

2）使用文字工具输入文字"强国有我"，设置文字大小为 72 像素、颜色为白色，如图 9-64 所示。

3）在"图层"面板中，右击文字"强国有我"，在弹出的菜单中执行"创建工作路径"命令，效果如图 9-65 所示。

图 9-64　输入文字"强国有我"

图 9-65　给文字创建工作路径

4）新建一个图层，执行"滤镜"→"渲染"→"火焰"命令，火焰类型选择"一个方向多个火焰"，设置长度为 60、宽度为 15、时间间隔为 10，如图 9-66 所示。

5）单击"确定"按钮，隐藏"强国有我"文字图层，火焰字效果如图 9-67 所示。

6）显示文字图层，并为"强国有我"文字图层设置描边、外发光和内发光效果，最终效果如图 9-46a 所示。

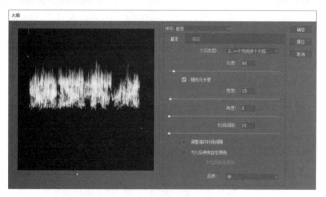

图 9-66　"火焰"对话框

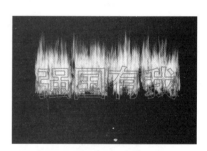

图 9-67　生成火焰字效果

2. 火焰字实现方式 2

1）执行"文件"→"新建"命令（快捷键为〈Ctrl+N〉）新建一个文档，宽度与高度都设置为 500 像素，背景为黑色，保存文档。

9-18
"强国有我　不负韶华"火焰字制作方式 2

2）使用文字工具输入文字"不负韶华"，设置文字大小为 72 像素、颜色为白色，效果如图 9-68 所示。

3）在"图层"面板中选择文字图层，右击，执行"栅格化文字"命令，执行"图像"→"图像旋转"→"顺时针 90 度"命令，效果如图 9-69 所示。

图 9-68　输入文字"不负韶华"

图 9-69　旋转文字图层

4）执行"滤镜"→"风格化"→"风"命令，弹出"风"滤镜对话框，设置方法为"风"、方向为"从左"，效果如图 9-70 所示。

5）连续按快捷键〈Ctrl+Alt+F〉，应用 3、4 次风滤镜，效果如图 9-71 所示。

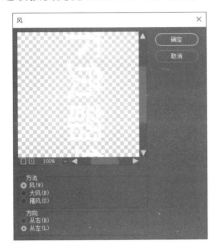

图 9-70　设置"风"对话框　　　　　图 9-71　连续执行"风"滤镜后的效果

6）执行"滤镜"→"扭曲"→"波纹"命令，效果如图 9-72 所示。

7）执行"图像"→"图像旋转"→"逆时针 90 度"命令，将图像旋转回来。

8）执行"图像"→"模式"→"灰度"命令，将图像变为黑白；执行"图像"→"模式"→"索引"命令，再执行"图像"→"模式"→"颜色表"命令，设置颜色表为"黑体"，如图 9-73 所示。整个火焰字的效果如图 9-46b 所示。

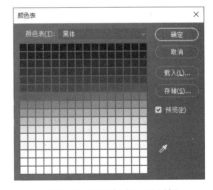

图 9-72　应用"波纹"滤镜后的效果　　　　　图 9-73　"颜色表"对话框

9.2.7　应用技巧

技巧 1：在滤镜对话框中，按〈Alt〉键，"取消"按钮会变成"复位"按钮，可还原初始状况。想要放大在滤镜对话框中图像预览的大小，直接按〈Ctrl〉键，单击预览框即可放大；反之，按〈Alt〉键，则预览框内的图像会迅速变小。

技巧 2：在"图层"面板中可对已运行滤镜后的效果调整不透明度和色彩混合等。

技巧 3：对选取的范围羽化，能递减突兀的感觉。

9.3 项目实践

1. 将素材图片"木船.jpg"（见图 9-74）制作出怀旧光影的效果（见图 9-75）。

图 9-74 "木船"素材

图 9-75 怀旧光影的图像效果

2. 运用 Photoshop 中的"镜头光晕""镜头光晕""波浪""铬黄渐变""旋转扭曲"等滤镜等打造液体巧克力效果，如图 9-76 所示。

图 9-76 打造液体巧克力效果

10.1　案例 1：虎口献福剪纸说话 Gif 动画制作

Photoshop 的功能非常强大，不仅可以修改和设计图像，还可以进行 Gif 动画的设计和制作。本节利用 Photoshop 制作一个虎口献福剪纸说话 Gif 动画，效果如图 10-1 所示。

a)　　　　　　　　　　　　b)

图 10-1　虎口献福剪纸说话 Gif 动画

a) 闭嘴状态　b) 张嘴献福状态

10.1.1　认识动画原理

动画的基本原理与视频一样，都是视觉原理。动画是利用人的"视觉暂留"特性，连续播放一系列画面，给视觉造成连续变化的画面，如图 10-2 所示。

图 10-2　连续画面

"视觉暂留"特性是人的眼睛看到一幅画或一个物体后，在 1/24s 内不会消失。利用这一特性，在一幅画还没有消失前播放下一幅画，就会给人造成一种流畅的视觉变化效果。

10.1.2　认识"时间轴"面板

10-1
认识"时间轴"
面板

打开素材文件夹中的素材"新年快乐.gif"，执行"窗口"→"时间轴"命令，打开"时间轴"面板，如图 10-3 所示。

图 10-3 "时间轴"面板

选择"创建帧动画"选项，即可进入创建"帧动画"模式，如图 10-4 所示。

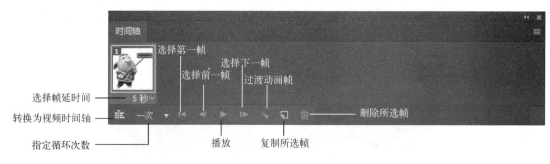

图 10-4 动画"时间轴"面板

"选择帧延时间"按钮 5秒∨：设置每一帧的播放时间。

"转换为视频时间轴"按钮：单击该按钮后面板会由 "帧"切换到"视频时间轴"状态。

"指定循环次数"下拉列表框 一次 ▼：设置动画执行的循环次数，默认为 1 次。单击该按钮将弹出一个子菜单，其中包括 1 次、3 次、永远和其他 4 个选项。选择"1 次"后，动画只播放 1 次；3 次表示循环 3 次；选择"永远"后，动画将不停地连续播放；选择"其他"后，将弹出"设置循环次数"对话框，用户可以自定义动画的播放次数。

"选择第一帧"按钮：单击该按钮后返回到第一帧的状态。

"选择前一帧"按钮：单击该按钮后返回到前一帧的状态。

"播放"按钮：单击该按钮后播放动画，播放后会有"停止"按钮出现。

"选择下一帧"按钮：单击该按钮后返回到下一帧的状态。

"过渡动画帧"按钮：单击该按钮后会弹出"过渡"对话框。

"删除所选帧"按钮：单击该按钮后会删除所选帧。

"复制所选帧"按钮：单击该按钮后会复制所选帧。

设置循环次数为"永远"，单击"复制所选帧"按钮将会复制所选帧，再次单击将会再次复制，连续单击"复制所选帧"按钮后的效果如图 10-5 所示。

图 10-5 设置循环次数并单击"复制所选帧"按钮的效果

10.1.3 案例实现过程

虎口献福剪纸说话 Gif 动画的制作步骤如下。

10-2
虎口献福 Gif 动画制作

1）执行"文件"→"新建"命令新建一个文件，命名为"虎口献福剪纸风格 Gif 动画.psd"，设置宽度为 430 像素、高度为 430 像素的正方形，背景为透明。

2）打开素材文件夹中的"状态 1.png"，将其复制到文档中，如图 10-6 所示。

3）打开素材文件夹中的"状态 2.png"，将其复制到文档中，如图 10-7 所示。

图 10-6　插入"状态 1"素材　　　　　　　图 10-7　插入"状态 2"素材

4）执行"窗口"→"时间轴"命令，打开"时间轴"面板，选择"创建帧动画"选项，即可进入创建"帧动画"模式。

5）单击"复制所选帧"按钮将会复制所选帧，如图 10-8 所示。

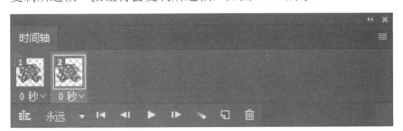

图 10-8　复制当前第 1 帧后的效果

6）由于"复制所选帧"后两帧的内容一样，所以无法实现动画效果，下面来修改帧的显示内容。选择第 1 帧，在"图层"面板中单击"状态 2 张嘴"前方的"指示图层可见性"按钮，将显示按钮 👁 关闭，显示为关闭状态 ▦ 。此时，图层、画面与时间轴如图 10-9 所示。

图 10-9　设置第 1 帧的"状态 1 闭嘴"图层显示、"状态 2 张嘴"图层隐藏

7）选择第 2 帧，在"图层"面板中单击"状态 2 张嘴"前方的"指示图层可见性"按钮，将关闭状态▇修改为显示状态◉，同时设置"状态 1 闭嘴"前方的"指示图层可见性"按钮，将显示按钮◉关闭，显示为关闭状态▇。图层、画面与时间轴如图 10-10 所示。

图 10-10　设置第 2 帧的"状态 2 张嘴"图层显示、"状态 1 闭嘴"图层隐藏

8）单击"播放动画"按钮▶，测试动画，发现老虎张嘴说话速度太快，所以单击"选择帧延时间"按钮▇0秒∨，将"0 秒"修改为"0.2 秒"，再次单击"播放动画"按钮▶，动画播放正常。

9）执行"文件"→"导出"→"存储为 Web 所用格式（旧版）"命令，弹出"存储为 Web 所用格式"对话框，如图 10-11 所示。默认参数即可输出 Gif 动画，单击"存储"按钮，设置保存名称为"虎口献福剪纸说话 Gif 动画.gif"，选择保存路径即可。生成的"虎口献福剪纸说话 Gif 动画.gif"可以应用到网络或者 PPT 中。

图 10-11　"存储为 Web 所用格式"对话框

10.1.4　应用技巧

技巧 1：Photoshop 时间轴没有像专业动画软件那样可以设置运动轨迹，但是它的运动也是有规律的，即跟随最近原则。比如制作一个旋转动画，第一帧的角度为 0°，下一帧的角度旋转 360°，事实上它还是 0°，也就不会产生动画；另一种情况是，第一帧的角度为 0°，下一帧的角度旋转 270°，产生动画，反转 90°。因此，在必要的情况下，需要在开始帧和结束帧之间添加

更多的关键帧。

技巧2：注意关键帧的复制与粘贴，大部分情况下动画都是循环的，因此开始帧（第一帧）和结束帧（最后一帧）都是一样的，所以先复制第一帧，再把时间线拖到最后并复制粘贴。

技巧3：复制具有动画的图层。快捷复制操作是直接按快捷键〈Ctrl+J〉，而这种操作无法将其动画复制到时间轴上，也就是无法复制时间轴上的动作属性（复制组可以将其动画复制到时间轴上）。还有一种操作就是在当前图层按住〈Alt〉键的同时移动鼠标，即可复制时间轴上的动作属性，并且复制图层后哪怕鼠标移动到任何位置，再次回到时间轴面板拖动时间线，它还是保持在原来的位置。

10.2 案例2：模仿设计制作檀香扇效果

檀香扇，特色手工艺品，它是苏州的特产，是用檀香木制成的各式折扇和其他形状的扇子。檀香木，又名旃檀，白者为白檀，皮腐色紫者为紫檀，木质坚硬。檀香木制成檀香扇具有天然香味，用以扇风，清香四溢。本案例利用 Photoshop 动作功能模拟制作檀木香扇，效果如图 10-12 所示。

图 10-12 檀香扇的设计制作效果

10.2.1 认识动作

"动作"实际上是一组命令，其基本功能具体体现在以下两个方面：一方面，将常用的两个或多个命令及其他操作组合为一个动作，在执行相同操作时，直接执行该动作即可；另一方面，对于 Photoshop 的滤镜，若对其使用动作功能，可以将多个滤镜操作录制成一个单独的动作，执行该动作，就像执行一个滤镜一样，可对图像快速执行多种滤镜的处理。

"动作"面板是创建、编辑和执行动作的主要场所。执行"窗口"→"动作"命令（快捷键为〈Alt+F9〉），即可打开"动作"面板。

"动作"面板的标准模式如图 10-13 所示。

"动作"面板中的主要选项含义如下。

图 10-13 "动作"面板的标准模式

- "切换对话开/关"图标 ：当面板中出现这个图标时，表示该动作执行到该步时会暂停。
- "切换项目开/关"图标 ✓：可以设置允许/禁止执行动作组中的动作、选定动作或动作中的命令。
- "展开/折叠"图标 ✓：单击该图标可以展开/折叠动作组，以便存放新的动作。
- "创建新动作"按钮 ⬜：单击该按钮，可以创建一个新动作。
- "删除"按钮 🗑：单击该按钮，在弹出的提示信息对话框中单击"确定"按钮，即可删除当前选择的动作。
- "创建新组"按钮 📁：单击该按钮，可以创建一个新的动作组。
- "开始记录"按钮 ⚫：单击该按钮，可以开始录制动作。
- "播放选定的动作"按钮 ▶：单击该按钮，可以播放当前选择的动作。
- "停止播放/记录"按钮 ⬛：该按钮只有在记录动作或播放动作时才可以使用，单击该按钮，可以停止当前的播放或记录操作。

10.2.2 使用动作

1. 使用软件默认动作的方法

打开一幅图片素材，例如"熊猫.jpg"，如果想给图像添加一个木质画框，只需要在图 10-13 中选中"木质画框 - 50 像素"动作，再单击"动作"面板底部的"播放选定的动作"按钮 ▶ 即可开始执行动作。然后会弹出"信息"提示对话框，提示信息为"图像的高度和宽度均不能小于 100 像素"（见图 10-14），单击"继续"按钮，执行效果如图 10-15 所示。

图 10-14 "信息"提示对话框

图 10-15 添加木质画框后的效果

如果想使用更多的系统动作，单击"动作"面板右上方的选项按钮 ≡，在下拉菜单中选择所需的动作效果，例如"图像效果"（见图 10-16）。执行命令后，"动作"面板中就会增加"图像效果"动作组，如图 10-17 所示。

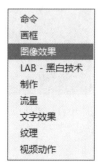

图 10-16 选择选项中的"图像效果"动作组

图 10-17 添加"图像效果"动作组的"动作"面板

2. 创建与录制动作

如果要自定义动作，则需要对动作进行创建和录制。具体操作步骤如下。

1）打开素材文件夹中的"竹海.jpg"素材，单击"动作"面板底部的"创建新动作"按钮 ，弹出"新建动作"对话框，设置名称为"修改图像宽度 600 像素"（见图 10-18），单击 "记录"按钮，即可开始录制动作。

2）执行"图像"→"图像大小"命令，弹出"图像大小"对话框，设置宽度为 600 像素，如图 10-19 所示。

图 10-18 "新建动作"对话框

图 10-19 "图像大小"对话框

3）单击"动作"面板底部的"停止播放/记录"按钮■，完成动作的录制，新建的动作就完成了。

3. 复制和删除动作

进行动作操作时，有些动作是相同的，可以通过复制，节省时间，提高工作效率。在编辑动作时，用户也可以删除不需要的动作。

在"动作"面板中选择"淡出效果（选区）"动作。单击面板右上方的选项按钮■，在弹出的面板菜单中选择"复制"命令，即可完成复制动作。

在"动作"面板中选择刚刚复制的"淡出效果（选区）拷贝"动作，单击面板右上方的选项按钮■，在弹出的面板菜单中选择"删除"命令，弹出信息提示对话框，单击"确定"按钮，即可删除动作。

10.2.3 使用自动命令

"自动"命令是 Photoshop 为用户提供的快速完成工作任务、大幅度提高工作效率的功能。"自动"命令包括批处理、创建快捷批处理、更改条件模式、限制图像等子命令。

10-4
使用自动命令

1. 批处理图像

批处理就是指一个指定的动作应用于某文件夹下的所有图像或当前打开的多幅图像，从而大大节省时间。批处理图像的具体操作步骤如下。

1）执行"文件"→"自动"→"批处理"命令，弹出"批处理"对话框，播放组设置为 "图像效果"，动作设置为"暴风雪"，源文件夹设置为 D 盘下的"批处理图像"文件夹，目标文件夹设置为 D 盘下的"批处理图像输出"文件夹，如图 10-20 所示。

图 10-20 "批处理"对话框

2）单击"确定"按钮，即可批处理文件夹内的图像，效果如图 10-21 所示。

图 10-21 "暴风雪"批处理后的效果

"批处理"命令是以一个动作为基础，对指定的图层进行处理的智能化命令。使用"批处理"命令，用户可以对多幅图像执行相同的动作，从而实现图像的自动化。在执行之前应先确定要处理的图像文件。

2. 裁剪并拉直图片

在扫描图片时，同时扫描多张图片可以通过"裁剪并拉直照片"命令将扫描的图片分割出来，并生成单独的图像文件。裁剪并修齐图片的具体操作步骤如下。

打开素材图像"凤凰古城.jpg"，如图 10-22 所示。执行"文件"→"自动"→"裁剪并拉直照片"命令，即可自动裁剪并修齐图像，效果如图 10-23 所示。

图 10-22 "凤凰古城"素材图像　　　　　　图 10-23 裁剪并拉直后的照片

10.2.4　案例实现过程

檀香扇的设计与制作主要分为三步完成：扇叶的制作、动作的录制、动作的应用。在完成后，可以添加背景进行美化。

[二维码]　10-5
模仿设计制作
檀香扇效果

1．扇叶的制作

1）打开 Photoshop，新建一个宽为 800 像素、高为 436 像素、分辨率为 72 像素/英寸的文档，命名为"香扇"，创建完成后，填充背景为深褐色（#531005）。

2）使用形状工具里边的圆角矩形工具，设置绘制方式为"填充像素"、圆角半径 15 像素、前景色为浅橙色（#facd8a），画一个宽为 380 像素、高为 20 像素的圆角矩形，如图 10-24 所示。

3）使用椭圆选框工具在该图形上打上一些小孔（画椭圆选区再按〈Delete〉键），并在用以制作扇子轴心的地方画一个褐色圆形标记，完成一片扇叶雏形的制作，效果如图 10-25 所示。

图 10-24　绘制扇叶的基本形状

图 10-25　在扇叶形状上打孔

4）移动扇叶放在文档的左下角，以备后续使用。

2．动作的录制

1）打开"动作"面板，单击"创建新动作"按钮，在弹出的对话框中设置动作名称为"香扇"，功能键为〈F2〉，按〈Enter〉键准备录制。

2）回到"图层"面板，拖动"图层 1"到"新建图层"按钮上，完成对"图层 1"的复制。

3）按快捷键〈Ctrl+T〉调出变形工具，将其变形中心移动到变形工具右边的中心控制点，并按住组合键〈Ctrl+Shift+Alt〉（锁定中心等比例扭曲缩放），拖动工具右上角的调节点至图 10-26 所示的位置。把变形工具的中心移动到扇叶的轴心，再在顶部参数栏的角度"旋转"文本框中输入 5，如果调整出的扇叶与第一个扇叶的间隔太大或太小，适当调整一下这个角度值（最好能被 180 整除，以便做出对称的扇形）。

图 10-26　扇叶的基本形状绘制与变形

4）回到"动作"面板，单击"停止播放/记录"按钮，完成此次录制。此时，动作记录中有两条新增的步骤。

3．动作的应用

1）回到"动作"面板，单击"播放选定的动作"按钮，Photoshop 将自动对最顶层的图层进行复制并相对于被复制的图形有 5°的旋转。

2）反复单击"播放选定的动作"按钮，但不要太快，继续复制出其他扇叶，直到制作出一把半圆形扇子为止。为了美观，在最顶层新建一个图层，制作一个轴心。最终效果如图 10-27 所示。

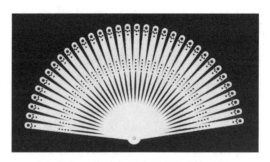

图 10-27　扇叶的基本形状绘制与变形

4. 美化提升

按快捷键〈Ctrl+Shift+Alt+E〉产生盖印图层，打开素材文件夹中的"兰花.jpg"，将其复制到文档中，调整大小与位置，设置混合模式为"正片叠底"，最终效果如图 10-12 所示。

10.2.5　应用技巧

技巧 1：按住〈Ctrl〉键后，在"动作"面板上所要执行的动作名称上双击，即可执行整个动作。

技巧 2：要仅播放一个动作中的一个步骤，可以选择步骤并按〈Ctrl〉键，单击"播放选定的动作"按钮▶。要改变一个特定命令步骤的参数，只需要双击这个步骤，显示出相关的对话框，任何输入的新的值都会自动被记录下来。

技巧 3：按住〈Alt〉键，拖动"动作"面板中的动作步骤就能够复制它。

技巧 4：若要在一个动作中的一个步骤后新增一个步骤，可以先选中该步骤，然后单击面板上的"开始记录"按钮，选择要增加的步骤，再单击"停止播放/记录"按钮即可。

技巧 5：若要一起执行多个动作，可以先增加一个动作，然后录制每一个所要执行的动作。

10.3　项目实践

1. 录制一个动作，将"批处理图像"文件夹中的"黄山迎客松.jpg"文件转换为 BMP 格式的图像，同时，将图像的宽修改为 800 像素。然后，使用"批处理"命令将"批处理图像"文件夹中的所有图像进行格式与大小的转换。

2. 利用路径描边功能，结合动作功能制作图 10-28 所示的背景。

图 10-28　点状背景图

模块 11　综合项目实训

11.1　综合案例 1：走进新时代婚纱照设计

11.1.1　案例展示

本案例主要使用 Photoshop 设计并制作以"走进新时代，向往美好生活"为主题的婚纱照。暖色调图像效果如图 11-1 所示，冷色调图像效果如图 11-2 所示。

图 11-1　"走进新时代，向往美好生活"婚纱照效果图　　　图 11-2　冷色调图像效果

11.1.2　案例分析

婚纱照是新人在结婚前所拍摄的照片，多悬挂于墙上以示甜蜜、幸福。依据新人的要求，围绕主题"走进新时代，向往美好生活"设计两种风格的婚纱照效果：暖色调的蝶恋芬芳和冷色调的春之韵两个主题。暖色调的蝶恋芬芳的设计中主要使用漂亮的蝴蝶、精致的花纹、散落的星光等方式来实现温馨、浪漫的情调，再配上偏亮调的明暗处理，更给人一种唯美、自然的视觉效果。冷色调的春之韵的设计以绿色作为作品的主色调，给人以宁静、自然的视觉感受；在设计元素上，以花朵及花纹等具有季节代表性的元素作为装饰，更彰显出春天的气息。

11.1.3　暖色调主题婚纱照的制作

1. 主题婚纱照片中人物素材的处理

11-1
主题婚纱照片
中人物素材的
处理

1）按快捷键〈Ctrl+N〉，在弹出的对话框中，设置其宽为 1500 像素、高为 1100 像素、分辨率为 72 像素/英寸、颜色模式为 RGB、背景内容为白色。单击"确定"按钮退出对话框，创建一个新的空白文件。设置前景色为浅黄色（#f4b85c），按快捷键〈Alt+Delete〉填充前景色。

2）打开素材"背景.psd"，使用移动工具将背景图像拖至新建的画布中，将所在图层命名为"背景"。

3）因为在本文档中，人物图像占据了画布的绝大部分，所以首先向画布中添加人物图像。打开素材文件"人物 1.jpg"（见图 11-3），双击"背景"图层，单击对话框中的"确定"按钮将其转换为普通图层。

4）使用魔棒工具![]将人物从背景中选取出来，并将背景部分删除。如果头发细节不够明显，可使用魔棒工具的属性栏中的"选择并遮住"中的"边缘检测"与"智能半径"来精确选取头发。接下来执行"编辑"→"变换"→"水平翻转"命令将图像翻转，效果如图 11-4 所示。

图 11-3 "人物 1"素材图片　　　　　图 11-4 去除背景翻转后的图像

5）将去掉背景的图片拖动到新创建的文件中，放置在画布左侧，将其所在图层命名为"人物 1"，效果如图 11-5 所示。

6）单击"添加图层蒙版"按钮为"人物 1"添加蒙版，设置前景色为黑色，选择画笔工具，在其工具属性栏中设置合适的画笔大小及不透明度，在图层蒙版中进行涂抹，以将人物右侧的图像隐藏起来，直至得到图 11-6 所示的效果。

图 11-5 将"人物 1"放置在场景中　　　　　图 11-6 设置蒙版后的效果

7）打开素材文件"人物 2.jpg"，如图 11-7 所示，双击"背景"图层，单击对话框中的"确定"按钮将其转换为普通图层。

8）使用魔棒工具![]将人物从背景中选取出来，并将背景部分删除，如图 11-8 所示。

建议使用通道进行细节选取，尤其是透明的婚纱部分。

图 11-7　"人物 2"素材图片

图 11-8　去掉背景后的效果

9）将去掉背景的"人物"素材使用移动工具▶╋将其拖至新建的画布中，并调整其大小，放置在右侧位置，将其所在图层名称改为"人物 2"，效果如图 11-9 所示。

10）设置"人物 2"图层的不透明度为 70%，并利用模糊工具💧对左侧人物边缘进行虚化，使之很好地和背景融合在一起，效果如图 11-10 所示。

图 11-9　添加"人物 2"后的效果

图 11-10　"人物 2"调整后的效果

11）分别调整两个人物素材图像的颜色，利用"编辑"→"调整"→"亮度/对比度"命令进行调整，如图 11-11 所示。最终形成图 11-12 所示的效果图。

图 11-11　"亮度/对比度"对话框

图 11-12　"亮度/对比度"调整后的效果

2. 主题婚纱照片中底部图像的处理

1）在"路径"面板中新建一个路径"路径 1"，选中钢笔工具 ，在工具属性栏中选择"路径"模式，然后在画布的底部位置绘制一个弧形路径，如图 11-13 所示。

11-2
主题婚纱照片中底部图像的处理

2）按快捷键〈Ctrl+Enter〉将当前路径转换为选区，返回"图层"面板并在所有图层上方新建一个图层，命名为"装饰 1"，设置前景色为深黄色（#b77d00），按快捷键〈Alt+Delete〉填充前景色，按快捷键〈Ctrl+D〉取消选区，得到图 11-14 所示的效果。

图 11-13　绘制的路径　　　　　　　　　图 11-14　填充后效果

3）下面对图像进行模糊处理。执行"滤镜"→"模糊"→"高斯模糊"命令，在弹出的对话框中设置半径为 70，得到图 11-15 所示的效果。

4）切换至"路径"面板并选中"路径 1"，然后使用路径选择工具，将其中的路径选中并向上拖动一定的距离。按快捷键〈Ctrl+Enter〉将当前路径转换为选区。再次返回"图层"面板并新建一个图层，命名为"装饰 2"。按快捷键〈Alt+Delete〉填充前景色，按快捷键〈Ctrl+D〉取消选区。

5）选择"装饰 2"图层，单击"添加图层样式"按钮 **fx.**，在下拉列表中选择"渐变叠加"样式，在弹出的对话框中按图 11-16 所示进行设置。

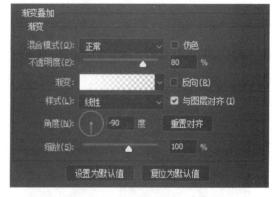

图 11-15　高斯模糊后的效果　　　　　　图 11-16　"渐变叠加"设置

6）然后在"图层样式"对话框中继续选择"外发光"样式，按图 11-17 所示进行设置，再按图 11-18 所示进行"内阴影"的设置，得到图 11-19 所示的效果。

7）下面将结合画笔描边路径功能在弧形图像的左侧位置绘制两个曲线装饰图像。在"路径"面板中新建一个路径，命名为"路径 2"，选中钢笔工具 ，在工具属性栏中设置"路径"

模式，然后在弧形图像的左侧绘制一条如图 11-20 所示的路径。

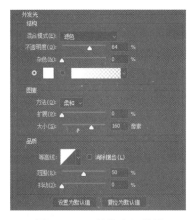

图 11-17　"外发光"设置

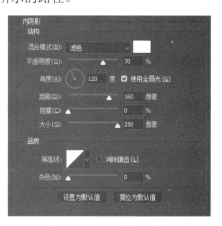

图 11-18　"内阴影"设置

图 11-19　设置图层样式后的效果

图 11-20　绘制的路径效果

8）设置前景色为白色，选中画笔工具，右击，单击右上方的画笔色设置按钮，在弹出的菜单中选择"导入画笔"命令，在弹出的对话框中选择素材文件"笔刷 1.abr"，单击"载入"按钮，选择画笔的样式为"散布的枫叶"，笔刷的不透明度设置为100%。

9）新建一个图层，命名为"左下装饰"，在"路径"面板中单击"用画笔描边路径"按钮，然后单击"路径"面板中的空白区域以隐藏路径，得到图 11-21 所示的效果。

10）按照第 8）～9）步的操作方法，再绘制一条路径，并将画笔大小调整至 45 像素，效果如图 11-22 所示。

图 11-21　设置枫叶描边后的效果

图 11-22　制作另外一个描边效果

由于上面做的两段曲线图像与弧形图像之间显得比较突兀，下面将在该范围内涂抹一些白色，使它们之间有一些过渡。

11）新建一个图层，命名为"过渡"，选中画笔工具 ✐ ，使用普通的柔角画笔，设置适当的画笔大小及不透明度，在弧形图像的左侧进行涂抹，得到图 11-23 所示的效果。

12）新建一个图层，命名为"星星"，按照第 8）步的操作方法载入画笔，打开素材文件夹中的文件"笔刷 2.abr"，设置前景色为白色，使用画笔工具 ✐ ，选择"柔边椭圆 90"样式，设置大小为 45 像素，在画布底部进行涂抹以绘制散点星光，得到图 11-24 所示的效果。

图 11-23 过渡效果

图 11-24 星光效果

13）下面绘制更细小的散点星光图像。设置画笔大小为 25 像素，然后在"画笔"面板中选中"传递"复选框，设置数量为 8、数量抖动为 20%，如图 11-25 所示。继续使用画笔工具在画布底部涂抹。再新建一个图层，命名为"枫叶"，然后继续在画布底部位置涂抹枫叶图像。最终效果如图 11-26 所示。

图 11-25 "画笔"面板设置

图 11-26 最终效果

3. 主题婚纱照片中装饰的处理

11-3
主题婚纱照片中装饰的处理

1）选择"背景"图层，打开素材文件夹中的"素材 6.psd"文件，如图 11-27 所示。使用移动工具 ✛ 将其拖至本例制作的文件中，将图层命名为"云彩"，然后执行"编辑"→"变换"→"旋转 90 度（顺时针）"命令旋转图像。

2）设置"云彩"图层的混合模式为"滤色"，不透明度为"40%"，然后调整图像至画布的中间，如果边缘没有和背景图层融合在一起，可以使用模糊工具 对边缘进行模糊处理，得到图 11-28 所示的效果。

图 11-27 "云彩"素材

图 11-28 "云彩"与图像融合后的效果

3）设置前景色为黑色，选中椭圆工具 ，在工具属性栏中选择"形状"模式，按住〈Shift〉键在弧形图像的右下角位置绘制一个黑色正圆，如图 11-29 所示。同时，得到"形状1"图层。

4）下面为黑色正圆添加图像。打开素材文件"人物 3.jpg"，如图 11-30 所示。使用移动工具 将其拖至刚制作的文件中，将图层命名为"人物 3"。确认该图层位于"形状 1"图层的上方后，按快捷键〈Ctrl+Alt+G〉执行"创建剪贴蒙版"操作。也可以按住〈Alt〉键，将指针移置两层之间，当指针变为裁剪图形后，单击即可。

图 11-29 圆形形状效果

图 11-30 "人物 3"素材

5）使用移动工具 调整"人物 3"中人物图像的位置及大小，直至将人物显示出来为止，效果如图 11-31 所示。

6）下面来为小圆图像增加发光效果。选择"形状 1"图层，单击"添加图层样式"按钮 ，在下拉列表中选择"描边"样式，设置描边大小为 10 像素、颜色为粉红色（#fdb47f），其他为默认。然后在"图层样式"对话框中继续选择"内发光"样式，设置阻塞为 11，大小为 81像素，如图 11-32 所示。

图 11-31 添加"人物 3"效果

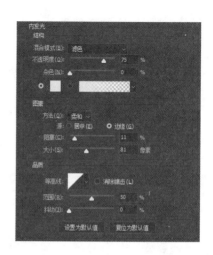

图 11-32 "内发光"设置

7）选择"外发光"样式，设置扩展为 17%、大小为 133 像素，如图 11-33 所示。添加图层样式后的效果如图 11-34 所示。

图 11-33 "外发光"设置

图 11-34 添加图层样式后的效果

8）打开素材文件夹中的素材文件"走进新时代文字.psd"，如图 11-35 所示。使用移动工具将其拖至刚制作的文件中，将其所在图层命名为"走进新时代"，并将该图像移至画布中心偏下的位置，此时的文字效果如图 11-36 所示。最终效果如图 11-1 所示。

图 11-35 "走进新时代文字"素材

图 11-36 添加文字后的效果

11.1.4 冷色调主题婚纱照的制作

1. 主题婚纱照片中背景的处理

11-4
主题婚纱照片
中背景的处理

1）按快捷键〈Ctrl+N〉，在弹出的对话框中设其宽度为 1200 像素、高度为 860 像素，单击"确定"按钮退出对话框，创建一个新的空白文件。设置前景色为浅绿色（#88bb08），按快捷键〈Alt+Delete〉填充前景色。创建一个文件组，命名为"背景图像"。

2）打开素材文件夹中的"素材 1.psd"，如图 11-37 所示。使用移动工具 将其拖至刚制作的文件中，将图层命名为"背景 1"，设置其混合模式为"正片叠底"，不透明度为 50%，并调整位置及大小，效果如图 11-38 所示。

图 11-37 "素材 1"图片　　　　　　　　图 11-38 制作"背景 1"

3）按照上一步的操作方法，打开素材文件夹中的文件"素材 2.psd"，如图 11-39 所示，将其拖至刚制作的文件中，所在图层命名为"背景 2"，设置其混合模式为"正片叠底"，不透明度为"40%"，得到图 11-40 所示的效果。

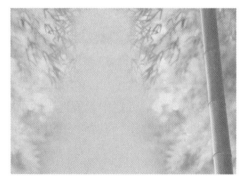

图 11-39 "素材 2"图片　　　　　　　　图 11-40 制作"背景 2"

4）下面使用画笔工具 在画布底部绘制暗调图像。新建一个图层，命名为"暗调"，设置前景色为暗绿色（#216b01），选中画笔工具并设置适当的画笔大小及不透明度，在画布的底部进行涂抹，烘托出绿色的氛围。

5）新建一个图层，命名为"照射"，设置前景色为白色，选中画笔工具并设置适当的画笔大小及不透明度，在画布的左上方绘制出阳光的轮廓，效果如图 11-41 所示。

6）执行"滤镜"→"模糊"→"动感模糊"命令，应用"动感模糊"滤镜后的效果如图 11-42 所示。

7）按快捷键〈Ctrl+Alt+F〉重复应用"动感模糊"滤镜，设置图层不透明度为 85%。

8）下面将在光线最靠近光源的位置涂抹，使光变得更强一些。新建一个图层，命名为"强光"，保持前景色为白色，选中画笔工具并设置适当的画笔大小及不透明度，在画布的左上方进行涂抹，得到图 11-43 所示的效果。

图 11-41　画笔涂抹效果

图 11-42　应用"动感模糊"滤镜后的效果

9）打开素材文件夹中的"人物 1.jpg"，如图 11-44 所示。使用移动工具将其拖至文档中，命名为"人物 1"。翻转图像，设置图层混合模式为"柔光"，调整大小与位置，效果如图 11-45 所示。

图 11-43　增加强光后的效果

图 11-44　"人物 1"素材

10）单击"添加图层蒙版"按钮 为"人物 1"图层添加蒙版，设置前景色为黑色，选中画笔工具 ，在其工具属性栏中设置适当的画笔大小及不透明度，在图层蒙版中进行涂抹，以将人物外围的图像隐藏起来，将背景中的树变得更清晰。此时，蒙版的状态如图 11-46 所示。

图 11-45　"人物 1"素材调整后的效果

图 11-46　蒙版状态

11）接下来调整背景图像的颜色。单击"图层"面板下面的"创建新的填充或调整图层"按钮，在下拉列表中选择"色相\饱和度"选项，打开"色相\饱和度"对话框，设置色相为"+23"即可。

2．主题婚纱照片中人物素材的处理

1）创建一个文件组，将其重命名为"主题图像"。打开素材文件夹中的"人物 2.psd"，如图 11-47 所示。将人物所在图层变为普通图层，使用魔棒工具，设置容差为 10，将背景图像选取出来，然后删除。也可以结合通道抠取半透明的婚纱部分（参考学习通道模块的半透明婚纱的抠取）。

2）使用移动工具将其拖到本例制作的文件中，将其所在图层命名为"人物 2"。执行"编辑"→"变换"→"水平翻转"命令将图像翻转，并将其置于画布的左侧，如图 11-48 所示。如果"背景图像"组中的"人物 1"过于靠左，可单独向右移动"人物 1"图层的图像。

图 11-47 "人物 2"素材图片　　　　　　图 11-48 将"人物 2"放置在画布中的效果

3）下面将开始在画布的右侧制作两块渐变方格图像，同时利用素材图像增加其他的花纹等装饰内容。选中矩形工具，在其工具属性栏中选择"路径"模式，在画布中绘制一个矩形路径。按快捷键〈Ctrl+T〉调出路径自由变换控制框，对路径进行缩放并旋转约 15°，然后置于画布的右下方，得到图 11-49 所示的效果。按〈Enter〉键确认变换操作。

4）单击"创建新的填充或调整图层"按钮，在下拉列表中选择"渐变"选项，设置渐变颜色为深绿（#2b8508）到浅绿（#4cdb05），效果如图 11-50 所示。同时，得到图层"渐变填充 1"。

图 11-49 绘制的路径效果　　　　　　　图 11-50 渐变填充后的效果

5）单击"图层"面板下面的"添加图层样式"按钮 fx，在下拉列表中选择"描边"样式，设置大小为 5 像素、位置为外部、颜色为白色，其他为默认；然后在"图层样式"对话框中继续选择"外发光"样式，设置混合模式为"滤色"、不透明度为 60%、杂色颜色为淡绿色（#caf9bd）、扩展为 0%、大小为 60 像素，其他为默认。效果如图 11-51 所示。

6）打开素材文件夹中的"人物 3.jpg"，如图 11-52 所示。

图 11-51 设置图层样式后的效果　　　　　　　　图 11-52 "人物 3"素材

7）利用矩形选区工具选取一部分，再使用移动工具将其拖至刚制作的文件中，将其所在图层命名为"人物 3"。结合自由变换功能将其旋转并移动至渐变方块上，设置其不透明度为 90%，效果如图 11-53 所示。

8）按照第 3）～7）步的操作方法，在右侧再制作一个渐变方块，并将素材图像"人物 4"导入到画布中，同时得到图层"渐变填充 2"和"人物 4"。结合横排文字工具 T 及自由变换功能，在两个渐变方块的下方输入相关的文字，得到图 11-54 所示的效果。至此，已经完成了渐变方块图像内容的制作，下面将继续添加其他的装饰图像。

图 11-53 放置"人物 3"后的效果　　　　　　　图 11-54 添加"人物 4"与文字后的效果

3. 主题婚纱照片中装饰效果的制作

1）打开素材文件夹中的"素材 6.psd"。使用移动工具将其拖至刚制作的文件中，将图层命名为"钉"。使用移动工具将其置于底部渐变方块的左上角，并复制一层，将其放置在另一个小图像的上面。接下来为两个"钉"所在的图层添加图层样式。单击"添加图层样式"按钮 fx，在下拉列表中选择"外发光"样式，设置大小为 10 像素、颜色为白色，效果如图 11-55 所示。

2）打开素材文件夹中的"素材 7.psd"，如图 11-56 所示。

11-6
主题婚纱照片中装饰效果的制作

图 11-55　放置"钉"后的效果

图 11-56　"花饰"素材

3）使用移动工具将其拖至刚制作的文件中，将其所在图层命名为"花饰"。使用移动工具将其摆放至画布的右上角，得到图 11-57 所示的效果。

4）设置前景色为白色，选中画笔工具 ，按〈F5〉键调出"画笔"面板，单击右上方的面板菜单按钮，在弹出的菜单中选择"载入画笔"命令，在弹出的对话框中选择画笔素材，打开素材文件夹中的"笔刷 1.abr"，单击"载入"按钮。

5）新建一个图层，命名为"星星"。选中画笔工具，并选中上一步载入的画笔，在画布的四周进行涂抹，直至得到图 11-58 所示的效果。

图 11-57　将"花饰"放到画布中的效果

图 11-58　添加"星星"后的效果

6）打开素材文件夹中的"素材 5.psd"，使用移动工具将文字素材图像拖至刚制作的文件中，将其所在图层命名为"修饰"。再利用横排文字工具 结合文字变形功能，在画布的中间偏下位置制作主体文字最终效果如图 11-2 所示。

11.2　综合案例 2：淮扬人家菜单封面设计与制作

11.2.1　案例展示

本案例主要使用 Photoshop 设计与制作淮扬人家食府菜单封面。菜谱展开效果如图 11-59 所示，菜谱立体效果如图 11-60 所示。

图 11-59　菜谱展开效果

图 11-60　菜谱立体效果

11.2.2　案例分析

淮扬人家食府是一家以古运河文化为依托的特色饭店，主打淮扬菜。菜单的设计要古香古色，充满淮扬菜的文化气息。同时，推广使用公筷和公勺，避免因餐具不洁引起的病毒交叉传染，提倡文明就餐。

11.2.3　菜谱封面展开页制作

菜谱封面的具体制作步骤如下。

11-7
菜谱封面展开页制作

1）新建一个宽为 638 像素、高为 450 像素、分辨率为 150 像素/英寸、颜色模式为 CMYK 颜色、背景为白色的文档。然后将画布填充为土黄色（#ba9a6c），如图 11-61 所示。将文件保存为"菜谱封面设计.psd"。

2）打开素材图片"底纹.psd"，使用移动工具 ▶⊕ 将底纹素材拖至新建的画布中，然后将其缩小并放到画布的左上角，效果如图 11-62 所示。

图 11-61　画布填充效果

图 11-62　添加"底纹"素材图像

3）按快捷键〈Alt+Ctrl+T〉执行"复制"并"变换"命令，然后水平向右拖动将底纹复制一份，按〈Enter〉键确认，效果如图 11-63 所示。

4）在按住〈Alt+Shift+Ctrl〉组合键的同时，多次按〈T〉键重复复制并移动，效果如图 11-64 所示。

图 11-63　复制并移动后的效果

图 11-64　重复复制并移动后的效果

5）将除"背景"以外的图层全部选中并合并图层。按快捷键〈Alt+Ctrl+T〉将合并后的图层选中，然后垂直移动，按〈Enter〉键确认，效果如图 11-65 所示。注意：按快捷键〈Ctrl+Shift+E〉可以快速合并所有可见图层。

6）在按住〈Alt+Shift+Ctrl〉组合键的同时，多次按〈T〉键重复复制并移动，形成图 11-66 所示的效果。

图 11-65　向下复制一行的效果

图 11-66　重复向下复制后的效果

技巧：也可以选中图案，然后执行"编辑"→"定义图案"命令，将花纹定义为一个新的图案，然后使用图案图章工具快速实现。当然，也可以定义为画笔，然后选择画笔，将画笔的间距设置为 100%，直接绘制也能实现底纹。

7）将除"背景"以外的图层全部选中并进行合并，然后将其重命名为"底纹"，并将其不透明度设置为 20%，效果如图 11-67 所示。

8）执行"文件"→"打开"命令，打开"打开"对话框，选择素材中的"屏风.psd"，使用移动工具将素材拖到新建的画布中，然后将其缩小并放到画布的右下角，将屏风所在图层命名为"屏风"。为了更好地融入背景中，设置"屏风"图层的图层样式为"正片叠底"。将素材"运河底纹.jpg"文件复制到文件中，调整大小与位置，添加蒙版。整体效果如图 11-68 所示。

9）选中工具箱中的钢笔工具 ，在画布中绘制一条封闭路径，如图 11-69 所示。在绘制路径时，外侧的路径不用完全沿画布边缘绘制，可以大于画布，这样更容易绘图，填充时也不会出现留白。

图 11-67　调整不透明度为 20%后的效果　　　图 11-68　添加"屏风"与"运河底纹"后的效果

10）创建一个新图层，命名为"边框"。按快捷键〈Ctrl+Enter〉将路径转换为选区，然后将其填充为咖啡色（#522913）。填充后的图像效果如图 11-70 所示。

图 11-69　绘制路径形状　　　　　　　　　图 11-70　替换选区并填充

11）单击"图层"面板底部的"添加图层样式"按钮 **fx**，在下拉列表中选择"描边"样式。打开"图层样式"对话框，设置大小为 2 像素、颜色为黄色（#faf3a4），如图 11-71 所示。单击"确定"按钮，效果如图 11-72 所示。

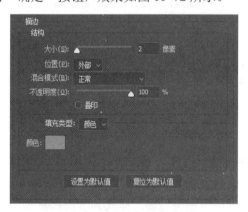

图 11-71　"描边"参数设置　　　　　　　　图 11-72　描边后的效果

12）创建一个新图层，命名"修饰 1"，将前景色设置为咖啡色（#522913）。选中工具箱中的自定形状工具 ，单击属性栏中的"单击可打开'自定形状'拾色器"按钮 ，然后在"'自定形状'拾色器" 中选择，单击右上角的设置按钮 ，选择"自然"命令，弹出"是否用自然中的形状替换当前的形状？"提示对话框，单击"追加"按钮，"自然"形状组被载入装饰形状，然后选择"常青藤 2"形状，如图 11-73 所示。

13）在属性栏中选择"填充"模式，将指针移至画布中，在"修饰 1"的图层中单击并拖动绘制一个装饰花纹图形，如图 11-74 所示。

图 11-73　选择形状

图 11-74　装饰花纹形状

14）新建一个图层，命名为"装饰 2"。继续使用自定形状工具，设定形状为"装饰"→"装饰 5"，在画布左上角绘制一个形状，利用移动工具调整其角度和大小，效果如图 11-75 所示。

15）选中画笔工具，在工具的属性栏中单击"点按可打开'画笔预设'管理器"按钮，打开"'画笔预设'管理器"，单击右上角的菜单按钮，在弹出的菜单中选择"载入画笔"命令，打开素材中的"stock01.abr"将画笔形状追加到管理器中。接下来选择 9 号、大小为 150 像素的画笔，如图 11-76 所示。

图 11-75　绘制新形状

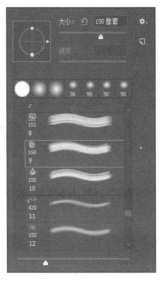

图 11-76　选择的画笔形状

16）新建一个图层，命名为"装饰 3"，将前景色设置为土黄色（#e3b145），使用画笔在该图层的右下角绘制装饰效果，如图 11-77 所示。

17）创建一个新图层，将前景色设置为咖啡色（#522913）。选中工具箱中的自定形状工具 ，单击属性栏中的"单击可打开'自定形状'拾色器"按钮 ，然后在"'自定形状'拾色器"中选择"形状"→"方块形"形状。然后，将指针移至画布中，单击并拖动绘制一个方块形图形，效果如图 11-78 所示。

18）将刚绘制的方块复制多份，然后将其分别垂直向下移动到合适的位置。如果方块的位置和屏风图像有重叠，可适当移动图像，效果如图 11-79 所示。最后，将所有方块图层选中并合并，重命名为"方块"。

图 11-77　新修饰图　　　　　　　　　　图 11-78　"方块形"形状新修饰图

19）选中工具箱中的竖排文字工具 IT，在画布中输入汉字，设置字体为华文隶书、大小为 25 点、颜色为黑色，然后将其放到合适的位置。单击"菜谱"文字图层面板底部的"添加图层样式"按钮 fx，在下拉列表中选择"描边"样式。打开"图层样式"对话框，设置大小为 3 像素、颜色为黄色（#e4cd90），图像效果如图 11-80 所示。

图 11-79　复制并移动后的效果　　　　图 11-80　为"菜谱"二字添加图层样式后的效果

20）选中工具箱中的竖排文字工具，在画布中输入文字"淮扬人家食府"，设置字体为黑体、大小为 10 像素、颜色为浅黄色（#fdffd8），效果如图 11-81 所示。

21）执行"文件"→"打开"命令，打开"打开"对话框，选择素材文件"筷子.psd"，单击"打开"按钮。使用移动工具将筷子素材拖到新建的画布中，将其所在图层命名为"筷子"，然后将其缩小并放到合适的位置，效果如图 11-82 所示。

图 11-81　输入文字后的效果　　　　　　图 11-82　导入"筷子"素材

22）单击"筷子"图层面板底部的"添加图层样式"按钮 fx，在下拉列表中选择"投影"样式。打开"图层样式"对话框，设置距离为 18 像素、扩展为 0%、大小为 21 像素，其他参数保持默认。单击"确定"按钮，图像添加投影后的效果如图 11-59 所示。这样，就完成了菜谱展开面的制作。

11.2.4 制作菜谱的立体效果

11-8
菜谱立体效果
制作

1）新建一个宽为 480 像素、高为 580 像素、分辨率为 150 像素/英寸、颜色模式为 RGB 颜色、背景为白色的画布，然后将画布填充为黑色，保存文件为"菜谱立体效果.psd"。

2）执行"文件"→"打开"命令，打开"打开"对话框，打开前面制作的"菜谱封面设计.psd"文件，单击"打开"按钮。选中工具箱中的矩形选框工具█，将菜谱的封面部分选中，如图 11-83 所示。

3）按快捷键〈Shift+Ctrl+C〉将选中的图像进行合并复制。切换到新建的画布中，按快捷键〈Ctrl+V〉对其进行粘贴并调整大小，效果如图 11-84 所示，将其所在图层命名为"封面"。

图 11-83 选择封面区域

图 11-84 复制粘贴后的封面

4）按快捷键〈Ctrl+T〉执行"自由变换"命令，在画布中右击，在弹出的快捷菜单中选择"斜切"或"扭曲"命令。将指针移至右边中间的控制点上，按住〈Shift〉键的同时向上拖动，将图像进行扭曲变形。按〈Enter〉键完成变形操作，效果如图 11-85 所示。

5）切换到菜谱封面画布，选择矩形选框工具█，将画布中的矩形选区水平向左移动，然后选中封底和封脊左半部分图像，如图 11-86 所示。

图 11-85 变形后的效果

图 11-86 选中封底和封脊左半部分图像

6）参照前面的操作方法，将选中的图像合并复制到新建的画布中，并对其进行扭曲变形，效果如图 11-87 所示，然后将其所在的图层命名为"封底"。

7）创建一个新图层，命名为"书脊"。设置前景色为咖啡色（#522913）。选中工具箱中的直线工具█，单击属性栏中的"填充像素"按钮，设置粗细为 2 像素。然后在封面和封底的中心绘制一条直线，效果如图 11-88 所示。

图 11-87　扭曲后的效果　　　　　　　　　　图 11-88　绘制书脊

8）利用钢笔工具 在封面的上方绘制一条封闭路径，将封闭路径复制一份并进行水平翻转。然后，将复制的路径水平向左移动到合适的位置，如图 11-89 所示。

9）创建一个新图层。按快捷键〈Ctrl+Enter〉将路径转换为选区并填充为白色。取消选区后的效果如图 11-90 所示。

图 11-89　绘制路径　　　　　　　　　　　图 11-90　选区填充效果

10）在"图层"面板中将"封面""封底"和"书脊"图层选中，将它们拖到面板下方的"新创建图层"按钮 上进行复制。然后将复制出的图像垂直向下移动到合适的位置，并进行垂直翻转，效果如图 11-91 所示。

11）分别将复制出的封面和封底进行扭曲变形，变形后的图像效果如图 11-92 所示。然后将封面、封底和书脊的副本图层进行合并。

12）单击"图层"面板底部的"添加图层蒙版"按钮，并设置渐变填充颜色为白色到黑色。然后从图像的上方向下方拖动鼠标填充蒙版，效果如图 11-93 所示。

图 11-91　复制图像的效果　　　　图 11-92　扭曲变形后的效果　　　　图 11-93　添加图层蒙版后的效果

13）执行"文件"→"打开"命令，打开"打开"对话框，选择素材"角花.psd"文件，单击"打开"按钮。使用移动工具 将角花素材拖动到新建的画布中，然后将其缩小并逆时针旋转 90°，移动到画布的左侧。将"角花"复制一份并进行水平翻转，然后水平向右移动到画布的右侧。最后，利用横排文字工具 在画布中输入相应的文字，最终效果如图 11-60 所示。这样，就完成了菜谱立体效果的制作。

参 考 文 献

[1] 雷波. Photoshop CC 中文版标准教程[M]. 5 版. 北京：高等教育出版社，2017.

[2] 刘英杰，徐雪峰，刘万辉. Photoshop CC 图像处理案例教程 [M]. 2 版. 北京：机械工业出版社，2016.

[3] 刘万辉，韩锐. Photoshop CC 图像处理基础 [M]. 北京：高等教育出版社，2018.

[4] 锐艺视觉. 中文版 Photoshop CS6 平面广告设计实战宝典 505 个必备秘技[M]. 北京：人民邮电出版社，2014.

[5] Art Eyes 设计工作室. Photoshop 玩转移动 UI 设计[M]. 北京：人民邮电出版社，2015.

[6] 一线文化. 实战应用 Photoshop 网店美工设计[M]. 北京：中国铁道出版社，2015.

[7] 唯美世界. Photoshop CC 从入门到精通 [M]. 北京：中国水利水电出版社，2017.

[8] 李金明，李金蓉. Photoshop 2020 完全自学教程[M]. 北京：人民邮电出版社，2020.